高等职业教育“十四五”系列教材

电池储能技术与应用

主　编　马　骏
副主编　李征宇　王昕灿
　　　　史　茜　刘英伟
参　编　梁　博　张　航
　　　　高文莉　张　刚

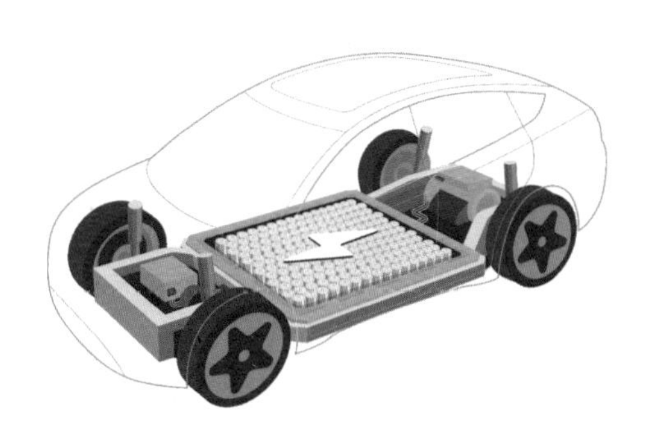

南京大学出版社

图书在版编目（CIP）数据

电池储能技术与应用 / 马骏主编 . -- 南京 : 南京大学出版社 , 2024. 8. -- ISBN 978-7-305-28144-0

Ⅰ . TM911

中国国家版本馆 CIP 数据核字第 20248VC980 号

出版发行　南京大学出版社
社　　址　南京市汉口路 22 号　　　　　邮　编　210093

书　　名　电池储能技术与应用
　　　　　DIANCHI CHUNENG JISHU YU YINGYONG
主　　编　马　骏
责任编辑　吕家慧　　　　编辑热线　025-83597482

照　　排　南京新华丰制版有限公司
印　　刷　扬州皓宇图文印刷有限公司
开　　本　787 mm × 1092 mm　1/16 开　印张　9　　字数　202 千
版　　次　2024 年 8 月第 1 版　2024 年 8 月第 1 次印刷
ISBN　978-7-305-28144-0
定　　价　48.00 元

网址：http://www.njupco.com
官方微博：http://weibo.com/njupco
官方微信号：njuyuexue
销售咨询热线：（025）83594756

前 言

在21世纪的科技洪流中，能源领域正经历着一场深刻的变革。随着全球环境保护意识的觉醒和可持续发展目标的全球共识，电池储能技术作为连接可再生能源与高效能源利用的关键纽带，正逐步成为推动社会绿色转型的核心驱动力。面对气候变化、能源安全及“3060”双碳目标的挑战，电池储能技术不仅承载着优化能源结构、提升能源利用效率的重任，更是实现能源革命、促进经济高质量发展的关键所在。

在此背景下，我们精心编纂了《电池储能技术与应用》一书，旨在为新能源汽车技术、新能源装备技术、储能技术等广大从业者、学者及爱好者提供一本集实用性、先进性、适用性与通用性于一体的权威指南。本书旨在通过深入浅出的讲解，帮助读者揭开电池储能技术的神秘面纱，把握未来能源发展的脉搏，共同探索绿色、低碳、可持续的能源未来。

学必期于用，用必适于地——这是本书编纂的核心理念。我们坚信，技术的生命力在于其实际应用与对社会的贡献。因此，在内容编排上，我们既注重理论知识的系统性和深度，又强调实践操作的指导性和针对性。通过精心设计的四个项目，我们力求为读者搭建起一座从基础知识到前沿技术，从理论学习到实践应用的桥梁，助力读者在电池储能技术的海洋中畅游无阻。

项目一聚焦于新能源汽车维修领域的安全防护与必备工具设备，这是所有技术应用的基石。只有确保安全，才能谈得上技术的有效实施与创新。

项目二则深入探讨了动力电池在新能源汽车中的核心地位，分析了不同种类动力电池（如锂电池、钠离子电池等）的技术特点、性能优势及应用场景，帮助读者理解动力电池如何成为新能源汽车“心脏”的奥秘。

项目三则是对新能源汽车动力电池管理系统的深入剖析，这是确保电池安全、高效运行的关键技术。通过解析管理系统的架构、功能及优化策略，我们帮助读者掌握提升电池系统整体性能的关键技术。

项目四则以丰富的应用案例为载体，全面展示了电池储能技术在各个领域（如智能电网、分布式能源、微电网等）的广泛应用与解决方案。这些案例不仅展示了电池储能技术的多样性和灵活性，也为其在更广泛领域的推广提供了宝贵的参考。

此外，本书还独具特色地加入了中天储能集装箱能源管理系统应用、电池储能技术在5G系统中的应用、电池储能技术在碳中和与碳达峰中的作用等内容，以及电池储能技术的最新进展（如特斯拉动力电池4680锂离子电池、钠离子电池、全固态电池等），力求使读者能够紧跟时代步伐，掌握最前沿的技术动态。

在编写过程中，我们始终贯穿思政元素，如工匠精神、环保意识和爱国情怀等，旨在培养读者的社会责任感和使命感。同时，每个项目均配备有教学视频和 PPT，便于教学使用，使读者能够更加直观地理解和掌握相关知识。

本书由江苏工程职业技术学院史茜（项目一）、江苏工程职业技术学院马骏（项目二）、南通科技职业学院李征宇（项目三）、江苏航运职业技术学院王昕灿（项目四）、江苏工程职业技术学院刘英伟（钠离子电池）、中天超容科技有限公司张刚（商业化储能）等多位专家共同编写，课程视频由马骏、史茜、梁博、张航、刘英伟、高文莉等博士共同拍摄。他们凭借丰富的实践经验和深厚的学术功底，为本书的质量提供了有力保障。在此，我们要特别感谢中天超容科技有限公司、中天储能科技有限公司等相关企业的支持与帮助，以及所有参与本书编写、审校及出版工作的同仁们的辛勤付出与无私奉献。

我们相信，通过本书的学习，读者不仅能够深入了解电池储能技术的最新进展和前沿动态，更能够掌握将理论知识转化为实际应用能力的方法与技巧。让我们携手共进，为推动我国乃至全球能源转型贡献自己的力量，共同构建清洁、低碳、安全、高效的现代能源体系！

编　者

2024 年 6 月

【微信扫码】
课程简介

目　录

项目一 高电压安全防护与工具设备使用

随着新能源汽车的快速发展和普及，对于维修人员来说，了解并掌握相关的安全防护知识和正确使用工具设备的技巧，变得尤为重要。本项目将为大家详细介绍一些关键的安全防护措施和工具设备的使用方法。

任务一　高电压与触电急救操作

下面将介绍关于高电压和触电以及相关急救操作的知识。快速了解高电压的危险并采取正确的应对措施。

【背景描述】

【微信扫码】
高压电知识

【案例导入】

某品牌的新能源汽车 4S 店在开展新员工培训。

员工李：听说新能源汽车上有好几百伏的高压电，维修新能源汽车是不是很危险啊？

技师王：新能源汽车确实是采用高压动力电池作为动能，来驱动车辆行驶。该电压通常在 300 V 以上，但是只要我们按照规范进行操作就不会有危险的。

【理论知识】

（一）高电压简介

电能是一种非常方便的能源，它的广泛应用形成了人类近代史上第二次技术革命，有力地推动了人类社会的发展，给人类创造了巨大的财富，改善了人类的生活。但是如果在生产和生活中不注意安全用电，很可能就会带来灾害，因此，只有在采取必要的安全措施的情况下才能使用和维修电器设备。

在大力推广电动汽车的同时，如何保证驾驶人员、乘车人员以及汽车保养维修人员的人身安全，更是值得我们特别关注的话题。在电动汽车安全标准 ISO 6469.3 和 GB/T 18384.3—2015 中，对电动汽车的电压作了规范定义。标准里将电动汽车的工作电压分为 A、B 两个等级，对于 A 级电压，不需要进行触电防护。对于任何 B 级电压电路中的带电部件，都应该为电路的接触人员提供安全防护。表 1-1-1 所示为 A、B 两个等级工作电压的划分。

表 1-1-1　电压等级划分

工作电压等级	直流电压 /V	交流（15~150 Hz）电压 /V
A 级	$0 < U \leqslant 60$	$0 < U \leqslant 30$
B 级	$60 < U \leqslant 1000$	$30 < U \leqslant 660$

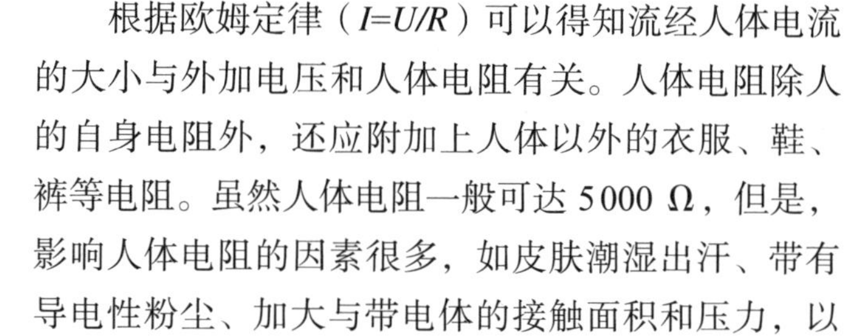

图 1-1-1　欧姆定律的基本内容

根据欧姆定律（$I=U/R$）可以得知流经人体电流的大小与外加电压和人体电阻有关。人体电阻除人的自身电阻外，还应附加上人体以外的衣服、鞋、裤等电阻。虽然人体电阻一般可达 5000 Ω，但是，影响人体电阻的因素很多，如皮肤潮湿出汗、带有导电性粉尘、加大与带电体的接触面积和压力，以及衣服、鞋、袜的潮湿与油污等情况，均能使人体电阻降低，所以通常流经人体电流的大小是无法事先计算出来的。图 1-1-1 所示为欧姆定律基本内容。

当人体电阻一定时，人体接触的电压越高，通过人体的电流就越大，对人体的损害也就越严重。但并不是人一接触电源就会对人体产生伤害，在日常生活中我们用手触摸普通干电池的两极，人体并没有任何感觉，这是因为普通干电池的电压较低（直流 1.5 V）。作用于人体的电压低于一定数值时，在短时间内电压对人体不会造成严重的伤害事故，我们称这种电压为安全电压。图 1-1-2 所示为日常触电的基本形式示意图。

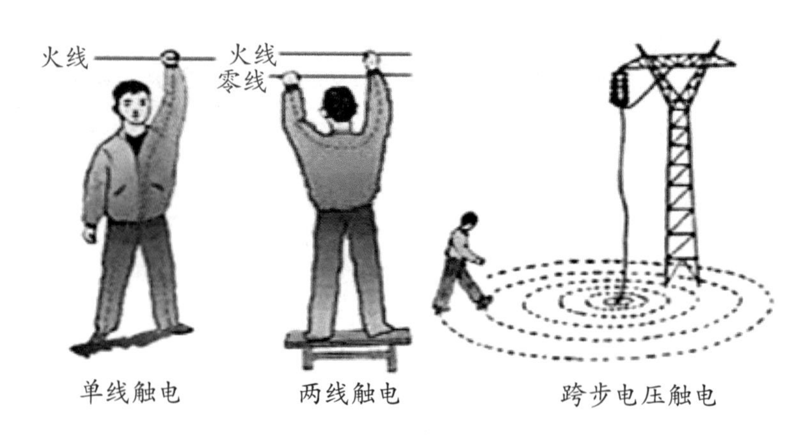

图 1-1-2　日常触电的基本形式

触电对人体的危害程度，主要取决于通过人体电流的大小和通电时间长短。电流强度越大，致命危险越大；持续时间越长，死亡的可能性越大。行业规定安全电压不高于 36 V，持续接触安全电压为 24 V，安全电流为 10 mA。能够引起人感觉到的最小电流值称为感知电流，交流为 1 mA，直流为 5 mA；人体触电后能自己摆脱的最大电流称为摆脱电流，交流为 10 mA，直流为 50 mA；在较短的时间内危及生命的电流称为致命电流，致命电流为 50 mA。在有防止触电保护装置的情况下，人体允许通过的电流一般为 30 mA。

电动汽车的动力电池是用低电压电池进行串联，以获得 200 ~ 500 V 以上的高电压，然后再转换成三相交流电。有些车型的高压系统电压甚至可达到 600 V 以上，因此在维修电动汽车的过程中必须做好对高压电的安全防护。表 1–1–2 所示为人体在不同电流强度下的触电反应。

表 1–1–2　人体触电反应表

电流 /mA	50 Hz 交流电	直流电
0.6~1.5	手指感觉发麻	无感觉
2~3	手指感觉强烈发麻	无感觉
5~7	手指肌肉感觉痉挛	手指感觉灼热和刺痛
8~10	手指关节与手掌感觉痛，手已难以脱离电源，但尚能摆脱电源	灼热感增加
20~25	手指感觉剧痛，迅速麻痹，不能摆脱电源，呼吸困难	灼热感更增，手的肌肉开始痉挛
50~80	呼吸麻痹，心房开始震颤	强烈灼痛，手的肌肉痉挛，呼吸困难
90~100	呼吸麻痹，持续 3 分钟后或更长时间后，心脏停搏	呼吸麻痹

（二）触电应急操作

【微信扫码】
触电应急操作

当发现了人身触电事故，发现者一定不要惊慌失措，要动作迅速，救护得当。首先要迅速将触电者脱离电源，其次，立即就地进行现场救护，同时找医生救护。图 1–1–3 所示为常见脱离电源方式。

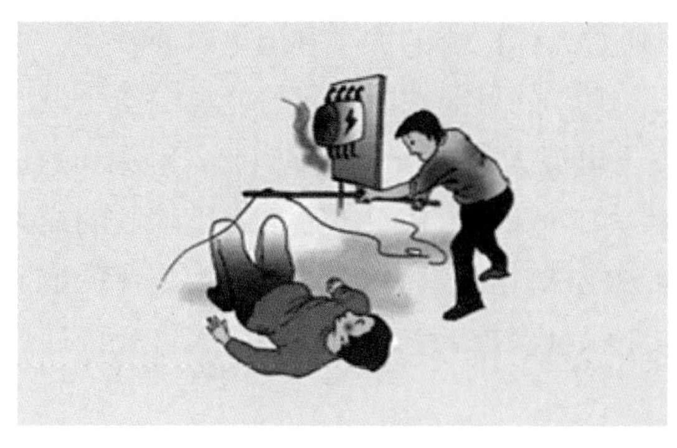

图 1-1-3　常见脱离电源处理方式

电流对人体作用的时间越长，对生命的威胁越大。所以，触电急救首先要使触电者迅速脱离电源。救护人员既要救人也要注意保护自己，可根据具体情况选用拉、切、挑、拽和垫等方法。

（1）“拉”是指就近拉开电源开关，拔出插销或断路器。

（2）“切”是指用带有绝缘柄或干燥木柄的工具切断电源。切断时应注意防止带电导线掉落碰触周围的人。对于多芯绞合导线应分相切断，以防短路伤害人。

（3）“挑”是指如果导线搭落在触电者身上或压在身下，这时可用干燥木棍或竹竿等绝缘工具挑开导线，使其脱离电源。

（4）“拽”是指救护人员戴上绝缘手套或在手上包裹干燥的衣服、围巾、帽子等绝缘物体拖拽触电者，使其脱离电源导线。

（5）“垫”是指如果触电者由于痉挛手指紧握导线或导线缠绕在身上，这时救护人员可先用干燥的木板或橡胶绝缘垫塞进触电者身下使其与大地绝缘，隔断电源的通路，然后再采取其他办法把电源线路切断。

在救护过程中需注意方式方法，防止救护人员自身发生伤害，触电救护需注意以下事项。

（1）救护人员不得采用金属和其他潮湿的物品作为救护工具。

（2）在未采取绝缘措施前，救护人员不得直接接触触电者的皮肤、潮湿的衣服以及鞋子。

（3）在拉拽触电者脱离电源线路的过程中，救护人员适合用单手操作，这样做对救护人员比较安全。

（4）当触电者处于较高的位置时，应采取预防摔伤措施，预防触电者在脱离电源时从高处坠落摔伤或摔死。

（5）夜间发生触电事故时，在切断电源时应同时使照明断电，考虑切断后的临时照明，如应急灯等，以利于开展救护工作。

救护后对触电者进行抢救，触电者脱离电源后应立即将其移到通风处，并将其仰卧，迅速鉴定触电者是否有心跳、呼吸等体征。注意事项如下。

（1）若触电者神志清醒，但感到全身无力、四肢发麻、心悸、出冷汗、恶心或一度昏迷，但未失去知觉，应将触电者抬到空气新鲜、通风良好的地方躺下休息，让其慢慢地恢复正常。要时刻注意保温和观察，若发现呼吸与心跳不规则，应立刻设法抢救。

（2）若触电者呼吸停止但有心跳，应用口对口人工呼吸法抢救。

（3）若触电者心跳停止但有呼吸，应用胸外心脏按压和口对口人工呼吸法抢救。

（4）若触电者呼吸、心跳均已停止，需同时进行胸外心脏按压法与口对口人工呼吸法抢救。

（5）千万不要给触电者打强心针或拼命摇动触电者，也不要用木板、石块等来压，以及强行挟触电者，避免使触电者的情况更加恶化。

抢救过程要不停地进行，在送往医院的途中也不能停止抢救。当触电者出现面色好转、嘴唇逐渐红润、瞳孔缩小、心跳和呼吸逐渐恢复正常时，即为抢救有效的特征。

在做人工呼吸之前，首先要检查触电者口腔内有无异物，呼吸道是否堵塞，特别要注意清理咽喉部分有无痰堵塞。其次，要解开触电者身上妨碍呼吸的衣裤，且维持好现场秩序。注意事项如下。

（1）将触电者仰卧，并使其头部充分后仰，一般应用一手托在其颈后，使其鼻孔朝上，以利于呼吸道畅通，但头下不得垫枕头，同时将其衣扣解开。

（2）救护人员在触电者头部的侧面，用一只手捏紧其鼻孔，另一只手的拇指和食指掰开其嘴巴。

（3）救护人员深吸一口气，紧贴掰开的嘴巴向内吹气，也可搁一层纱布。吹气时要用力并使其胸部膨胀，一般应每 5 秒钟吹一次，吹 2 秒钟，放松 3 秒钟。对儿童可小口吹气。

（4）吹气后应立即离开其口或鼻，并松开触电者的鼻孔或嘴巴，让其自动呼气。

（5）在实行口对口（鼻）人工呼吸时，当发现触电者腹部充气膨胀，应用手按住其腹部，并同时进行吹气和换气。图 1-1-4 所示为人工呼吸示意图。

胸外心脏按压术是触电者心脏停止跳动后使心脏恢复跳动的急救方法，是每一个电气工作人员应该掌握的救护技能。注意事项如下。

（1）首先使触电者仰卧在坚实的地方，解开领口衣扣并使其头部充分后仰，鼻孔向上。也可由另外一人用手托在触电者颈后或将其头部放在木板端部，在其胸后垫以软物。

（2）救护者跪在触电者一侧或骑跪在其腰部的两侧，两手相叠，下面手掌根部放在心窝上方，胸骨

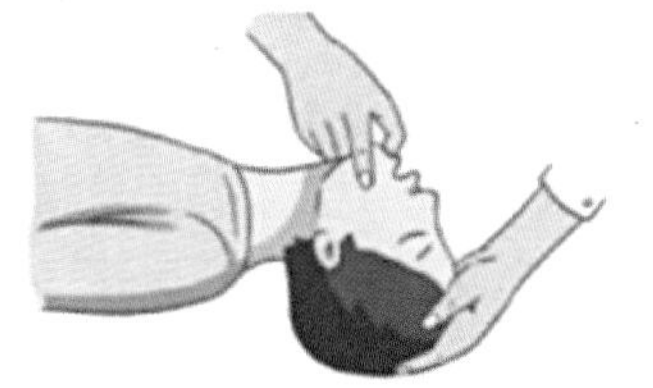

1. 头部后仰

2. 捏鼻掰嘴

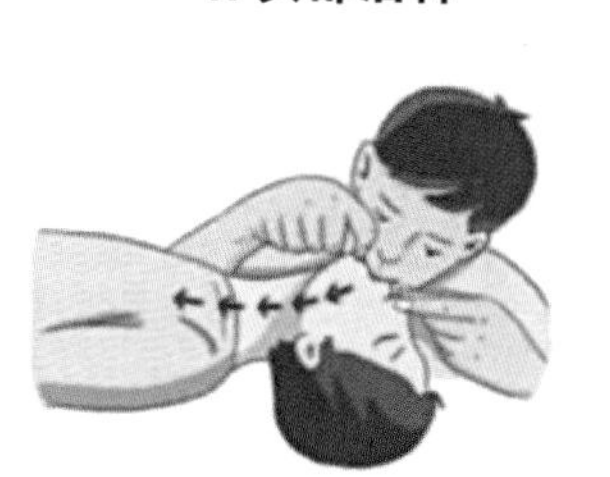

3. 贴紧吹气

4. 放松换气

图 1-1-4　人工呼吸示意图

下三分之一至二分之一的位置。

（3）掌根用力垂直向下按压，力量要适中不得太猛，对成人应压陷 3 ~ 4 cm，频率约为 60 次 / 分钟；对 16 岁以下儿童，一般应用一只手按压，用力要比成人稍轻一点，压陷 1 ~ 2 cm，频率约为 100 次 / 分钟。

（4）按压后掌根应迅速全部放松，让触电者胸部自动复原，放松时掌根不要离开压迫点，只是不向下用力而已。

（5）为了达到良好的效果，在进行胸外心脏按压术的同时，必须进行人工呼吸。因为正常的心脏跳动和呼吸是相互联系且同时进行的，没有心跳，呼吸也要停止，而呼吸停止，心脏也不会跳动。

注意：实施胸外心脏按压术时，切不可草率行事，必须认真坚持，直到触电者苏醒或其他救护人员、医生赶到。图 1–1–5 所示为胸外心脏按压示意图。

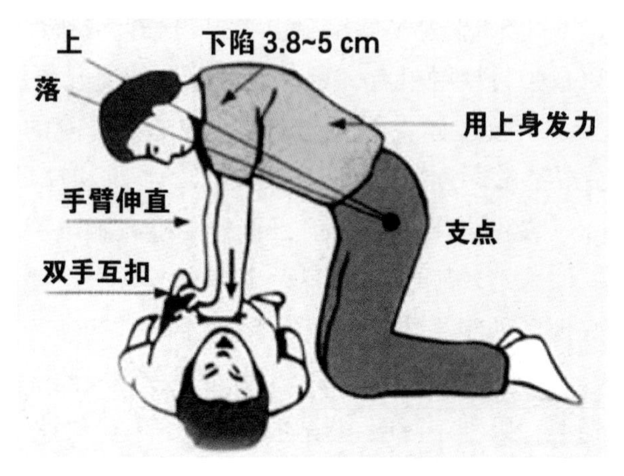

图 1–1–5　胸外心脏按压方式

【实践操作】

【微信扫码】
人工呼吸及胸外心脏按压

【拓展内容】

触电救护是带点作业的一项最基本的救护技能，在关键时候可挽救生命，但救护操作也是最后的挽救措施，最重要的一点是防治电伤害，从源头上杜绝电伤害，防治电伤害的主要措施如下。

（1）不要带电操作

操作电工应尽量不进行带电作业，特别是在一些比较危险的场所，应禁止进行带电作业。若必须带电操作，应采取必要的安全措施，例如：有专人在现场监护及采取相应的安全绝缘措施等。

（2）完善安全措施

电气设备的金属外壳可采用保护接零或保护接地等安全措施，但绝不允许在同一电力系统中一部分设备采取保护接零，另一部分设备采取保护接地。

（3）建立安全制度

安全检查是发现设备缺陷，及时消除事故隐患的重要措施。安全检查一般应每季度进行一次，特别要加强雨季前和雨季中的安全检查。各种电器，尤其是移动式电器应建立经常的与定期的检查制度，若发现安全隐患应及时加以处理。

（4）加强安全教育

加强电气安全教育和培训是提高电气工作人员的业务素质，加强安全意识的重要途径。对电气设备的操作者还要加深用电安全规程的学习，对从事电工工作的人员除了应熟悉电气安全操作规程外，还需要掌握电气设备的安装、使用、管理、维护及检修工作的安全要求，具备电气火灾的灭火常识和触电急救的基本操作技能。

（5）作业警示

操作电工在全部停电或部分停电的电气设备上工作前，必须做到停电、验电、装设接地线、悬挂安全警示牌和装设防护遮栏等方面的工作，然后再进行实际作业。

任务二　安全防护装备的使用与应急处理

在维修新能源汽车时，首先要保证自身的安全。为了减少事故的发生，维修人员应该严格遵守相关的安全操作规程，如穿戴防护服、手套和安全帽等。此外，合理使用绝缘工具、防静电设备和防火设备是至关重要的。记住，安全始终是第一位的！

【背景描述】

【微信扫码】
防护用品及使用

【案例导入】

某新能源汽车维修厂一位维修人员在维修一辆新能源汽车时，由于没有正确佩戴绝缘手套及穿戴绝缘鞋，维修过程中发生触电事故，维修人员当场触电休克，最终经同事及时、正确地施救挽救了生命。如果当时没有其他同事在场或施救不正确，后果将不堪设想。

图 1-2-1 常见的绝缘鞋

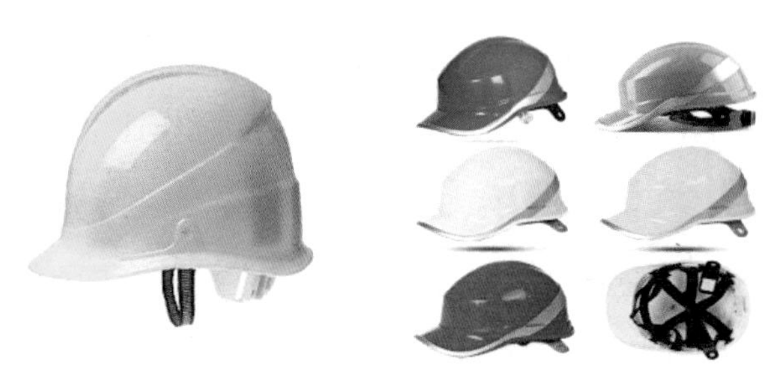

图 1-2-2　常见的绝缘帽

图 1-2-3　常见的护目镜及佩戴方式

图 1-2-4　常见的绝缘地毯

【理论知识】

（一）防护用品及使用

1. 绝缘鞋

绝缘鞋是辅助安全用品，有多种型号，通常适用于交流 50 Hz、1 000 V 以下或直流 1 500 V 以下的电力设备检修工作。电绝缘鞋新标准 GB 12011—2000 对产品使用者也提出了新要求：在使用时应避免锐器刺伤鞋底，使用时鞋面保持干燥，避免高温和腐蚀性物质。产品在穿用 6 个月后应做 1 次预防性试验，对于因锐器刺穿的不合格品不得再当做绝缘鞋使用。图 1-2-1 所示为常见的绝缘鞋。

2. 绝缘帽

绝缘帽是指具备电绝缘性能要求的安全帽，在帽子上会有“D”的字母标记。按照新国标进行电绝缘性能实验，用交流 1200 V 耐压试验 1 分钟，泄漏电流不应超过 1.2 mA。图 1-2-2 所示为常见的绝缘帽。

3. 护目镜

护目镜也叫安全防护眼镜，其种类很多，有防尘眼镜、防冲击眼镜、防化学眼镜和防光辐射眼镜等多种。护目镜是一种能起到特殊防护作用的眼镜，根据使用场合的不同选择合适的眼镜。图 1-2-3 所示为常见的护目镜及正确佩戴方式。

4. 绝缘地毯

绝缘地毯又叫做绝缘垫、绝缘垫胶板，是用绝缘性能优良的橡胶制造而成的，适用于各种电工作业场所。图 1-2-4 所示为绝缘地毯。

5. 绝缘工具

绝缘工具通常分为基本绝缘安全工具和辅助绝缘安全工具。基本绝缘安全工具是指能直接操作带电设备或可能带电物体的维修工具。辅助绝缘安全工具是指绝缘强度不是承受设备或线路的工作电压，只是用于加强基本绝缘安全的保护作用，用以防止接触电压、跨步电压、泄漏电流电弧对操作人员的伤害，不能用辅助绝缘安全工具直接接触高压设备的带电部分。辅助绝缘安全工具有绝缘手套、绝缘鞋、绝缘胶垫等。

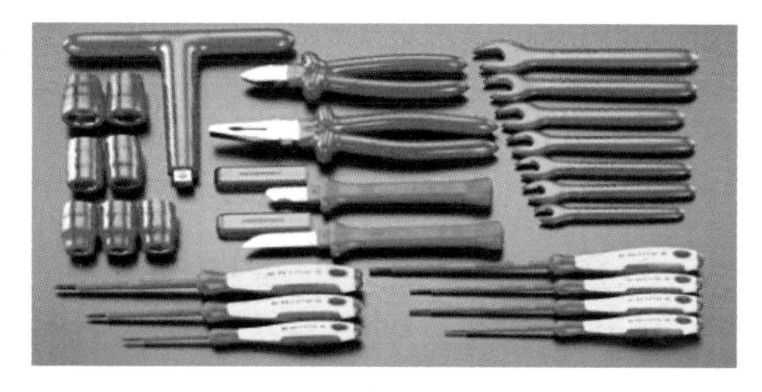

图 1–2–5　常见的绝缘工具

为了顺利完成电力系统的工作任务而又不发生安全事故，操作者必须携带和使用各种安全工具。图 1–2–5 所示为常见的绝缘工具。

6. 安全警示带

安全警示带也叫做安全隔离带，主要有塑料和涤纶布两种材质的。安全警示带常用于施工地段、危险地段、交通事故以及突发事件的隔离。在检修新能源汽车时可用于圈定操作场地，起到提醒他人注意安全防范的作用。图 1–2–6 所示为常见的安全警示带。

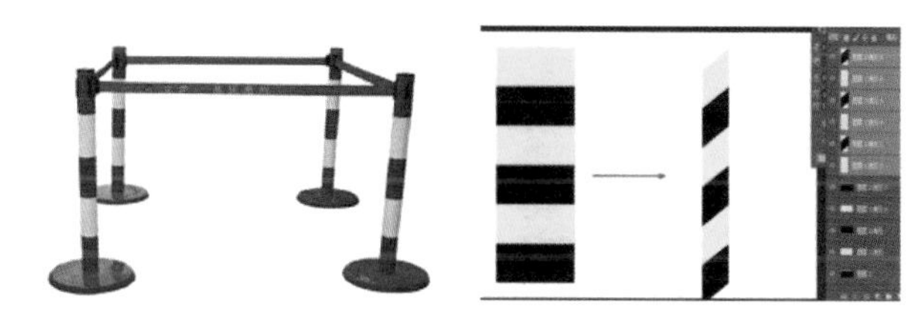

图 1–2–6　常见的安全警示带

7. 高压电警示牌

在高压电气系统的检修作业场所放置高压电警示牌是保证工作人员安全的主要措施之一，以此起到安全警示作用，避免或减少安全事故的发生。根据作业内容的不同，通常在警示牌上书写“严禁触摸　高压危险”“严禁合闸　正在检修”“严禁操作　正在检修”等字样。图 1–2–7 所示为常见的高压电警示牌。

图 1–2–7　常见的高压电警示牌

8. 高压保护用具使用规范

（1）绝缘手套使用规范

① 每次使用前，应检查绝缘手套在有效预防性试验周期内，外观完好。

② 绝缘手套使用前先进行外观检查，外表应无磨损、破漏、划痕等，漏气裂纹的绝缘手套应禁止使用。

③ 将衣袖口套入手套筒口内，同时注意防止尖锐物体刺破手套。

④ 如一双手套中的一只可能不安全，则这双手套不能使用。

⑤ 使用最佳温度范围为 –25 ～ +55 ℃。

⑥ 使用后应进行清洁，擦净、晾干、并应检查外表良好。

⑦ 绝缘手套被弄脏时应用肥皂和水清洗，彻底干燥后涂上滑石粉，避免粘连，及时存放在工具室。

⑧ 绝缘手套应架在支架上或悬挂起来，且不得贴墙放置。

⑨ 绝缘手套应每月进行一次外观检查，做好检查和使用记录。

（2）护目镜使用规范

① 所选择的护目镜产品需要经过国家级检测并达到其标准才能使用。

② 所选用的护目镜大小及型号要尽量适合使用者的脸型。

③ 护目镜镜片使用时要注意专人专用，禁止交换使用，防止因护目镜大小而产生意外情况。

④ 护目镜使用时间过长或使用不当，会造成镜片粗糙及损坏，留下刮痕后的镜片会影响佩戴者的视线，达不到佩戴安全标准需要及时进行调换。

⑤ 护目镜禁止重压，保存时尽量远离坚固物体，防止对镜片造成损坏。

⑥ 在清洗护目镜时，需要使用柔软的专业擦拭布进行清理，并放于眼镜盒或安全的地方。

（3）电绝缘安全鞋使用规范

① 每次使用前应检查电绝缘鞋（靴）在有效预防性试验周期内，外观完好。

② 穿用电绝缘皮鞋和电绝缘布面胶鞋时，其工作环境应保持鞋面干燥。

③ 穿用任何电绝缘鞋均应避免接触锐器、高温、腐蚀性和酸碱油类物质，防止鞋受到损伤而影响电绝缘性能。

④ 在潮湿、有蒸汽、冷凝液体或导电灰尘等容易发生危险的场所，尤其应注意配备合适的电绝缘鞋，应按标准规定的使用范围正确使用，不得随意乱用。

（4）电绝缘防护服使用规范

① 电绝缘服使用前应进行全面检查，发现损坏不得使用。

② 电绝缘服不宜接触明火以及尖锐物体。

③ 电绝缘服应保存在通风、透气、干燥、清洁的库房内。

④ 电绝缘服水洗后，必须阴处晾干，折叠整齐，放入专门保管袋内。

（5）防护用具的使用与检查流程（图 1–2–8）

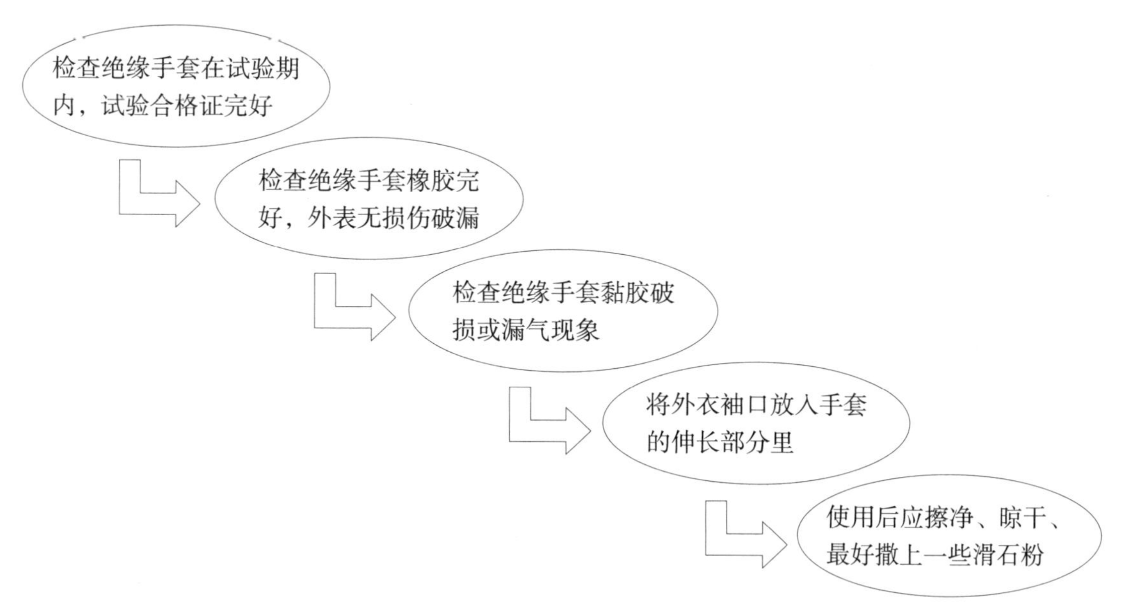

图 1-2-8　防护用具的使用与检查流程示意图

（二）应急处理

【微信扫码】
应急处理

1. 火灾应急处理

电动汽车在发生交通事故、维修或使用不当造成短路时很容易引起火灾。电动汽车燃烧的大火比内燃机汽车更猛烈，火情更难被控制。主要是因为其内部有大容量的蓄电池，电动汽车蓄电池种类很多，使用比较普遍的蓄电池主要有铅酸电池、镍氢电池、锂离子电池（锂电池）。镍氢电池的活性物质是氧化镍、氢氧化钾、氧化钴等，这种蓄电池如果发生起火和爆炸，电池在燃烧时热量高，并会产生威胁人员生命的有毒气体，因此灭火人员必须带上呼吸面罩。

电动汽车燃烧时一般采用泡沫灭火器或干粉灭火器来灭火，但是这些灭火器都无法控制锂电池引起的火情，在燃烧现场，在确保人员安全的前提下首先应该把蓄电池与其他物品分开，让电池自行燃烧完毕。

在各大新能源汽车生产厂商所提供的紧急响应指南里都提到了用水灭火。不仅提到了用水灭火，而且是大量且持续的水。用水灭火主要是出于以下两个目的。

（1）降温。美国消防协会（NFPA）做过相关测试，用热电偶去探测电池燃烧时外面的最高温度能达到 1 090 ℃。同时用水长时间压制火苗，能防止热扩散，降低复燃的风险。

（2）稀释产生的有毒气体。新能源汽车使用的锂电池在燃烧过程中会产生不少有毒气体，比如：氢氟酸、一氧化碳、氰化氢等气体。

2. 涉水应急处理

道路经常会被水浸，如不太深，一般都涉水行驶。“电动汽车能涉水多深？这么高的电压如果涉水行驶，不小心会不会电死人？”有这种恐慌心理是因为很多人对电不熟悉。实际上电比油更容易控制，更安全，这也是电在现代得以大规模应用的原因。电动车涉水对人来说是安全的，人体电阻远高于车体和水的电阻，而电流走最小电阻路径。车体和水是电的良导体，所以即使有电流穿过车身，人相当于站在一个等势体上，毫无危险。电池如果因漏水发生短路，会迅速放电而失去电压，从而不再形成危害，但电池会报废。同时车辆上也加装了电池紧急开关和电池管理系统的漏电保护装置。图 1-2-9 所示为涉水汽车示意图。

图 1-2-9　涉水汽车示意图

涉水安全的具体注意事项如下。

（1）汽车涉水行驶前，必须仔细查看水深、流速和水底情况以及进、出水域的宽窄和道路情况，由此来判断是否能安全地通过。一般来讲，水位达到轮胎二分之一的位置时，涉水行驶就有一定危险了。

（2）在确认汽车能够通过时，一般应选择距离最短、水位最浅、水流最缓慢及水底最坚实的路段。涉水时应保持电机运转正常、转向和制动机构灵敏可靠。

（3）行驶中要稳住电门，保持汽车有足够而稳定的动力，一次通过，尽量避免中途停车或急转弯，尤其是水底路为泥沙时更要注意，行进中要看远顾近，避免使车辆偏离正常的涉水路线而发生意外。

（4）车辆涉水后，应停车检查各部位有无浸水、水箱散热器有无漂流物堵塞、轮胎有无损坏、底盘下面有无物体缠绕等，如有应杂物及时将车辆清理干净。出水后先等一会，再低速行驶一段路程，并有意识地轻踩几次制动踏板，让制动蹄片与制动毂接触摩擦产生热能，以烘干和蒸发制动器中残留的水分，确保制动性能良好。确认技术状况良好后，再正常行驶。

（5）雨雪天气路面湿滑，驾驶人员要保持车辆平稳、放慢速度、小心驾驶。

（6）小雨时打开雨刷，大雨或暴雨时要尽量避免使用新能源汽车。

【拓展内容】

在带电操作过程中个人防护是重中之重，在操作之前做好防护准备，操作过程中时刻关注操作异常及周围环境，对于保护自身不受伤害具有重要意义，操作过程中个人防护需要重点注意以下几项。

（1）禁止携带钥匙、手表、首饰等导电金属物品。

（2）穿好绝缘鞋、戴好绝缘手套、护目镜等防护用品，当在车底进行拆装动力电池或进行绝缘检测时还需要佩戴绝缘帽。

（3）拆装车辆高压部件时，必须使用电动汽车维修的专用绝缘工具，这样才能确保检修过程中的人身安全和设备安全。

（4）电动汽车上导线颜色表示特定的含义，鲜艳的橙色电缆用来警示有高压电危险，在检修此类线路部件时需要进行高压防护。

（5）在对新能源汽车进行维修或动力电池充电时，需要放置警示标志，并把车钥匙从点火开关上取下来保管好。

任务三　电动车维修专用工具及使用

在维修新能源汽车时，正确使用工具是非常重要的。首先，使用正确的工具可以提高效率，并减少人为错误的发生。其次，选用正确的工具可以保护汽车零部件的完整性，避免不必要的损坏。而且，保持工具的正常状态也是保证维修质量的关键。因此，维修人员要熟悉各种工具的使用方法，并定期进行检修和保养。

【背景描述】

【微信扫码】
万用表及绝缘表的使用

【案例导入】

某电动汽车驾驶员前一天夜间正常行驶电动汽车，晚上停车休息，第二天汽车无法启动，用万用表测试发现电池电压低于 12 V，由此断定电池电量不足，经由搭电启动车辆，发现其原因是驾驶员未关夜间大灯导致。由此可见，正确使用电动汽车维修工具，可解决电动汽车日常使用中的一些小问题。

【理论知识】

电动车维修常用诊断工具有万用表、绝缘表、诊断仪及示波器，如图 1–3–1 所示，这些工具的正确使用对电动车安全维修具有重要意义。

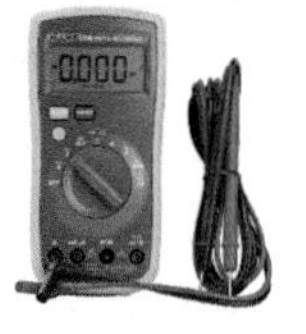

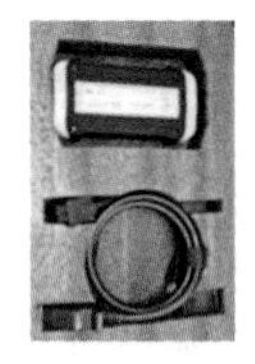

万用表　绝缘表　诊断仪　示波器

图 1–3–1　常用电动车维修诊断工具

1. 万用表的使用

万用表主要用来检测电压、电流、电阻、通断、电容、温度、频率、二极管、三极管相关数据，如图 1–3–2 所示。

2. 绝缘表的使用

绝缘表是检测线路中的绝缘情况，使用时注意仪表中提示绝缘故障时，高压线路的绝缘需要测试，高压防护垫需要进行测试，绝缘手套需要测试。图 1–3–3 所示为绝缘表及主要按钮。

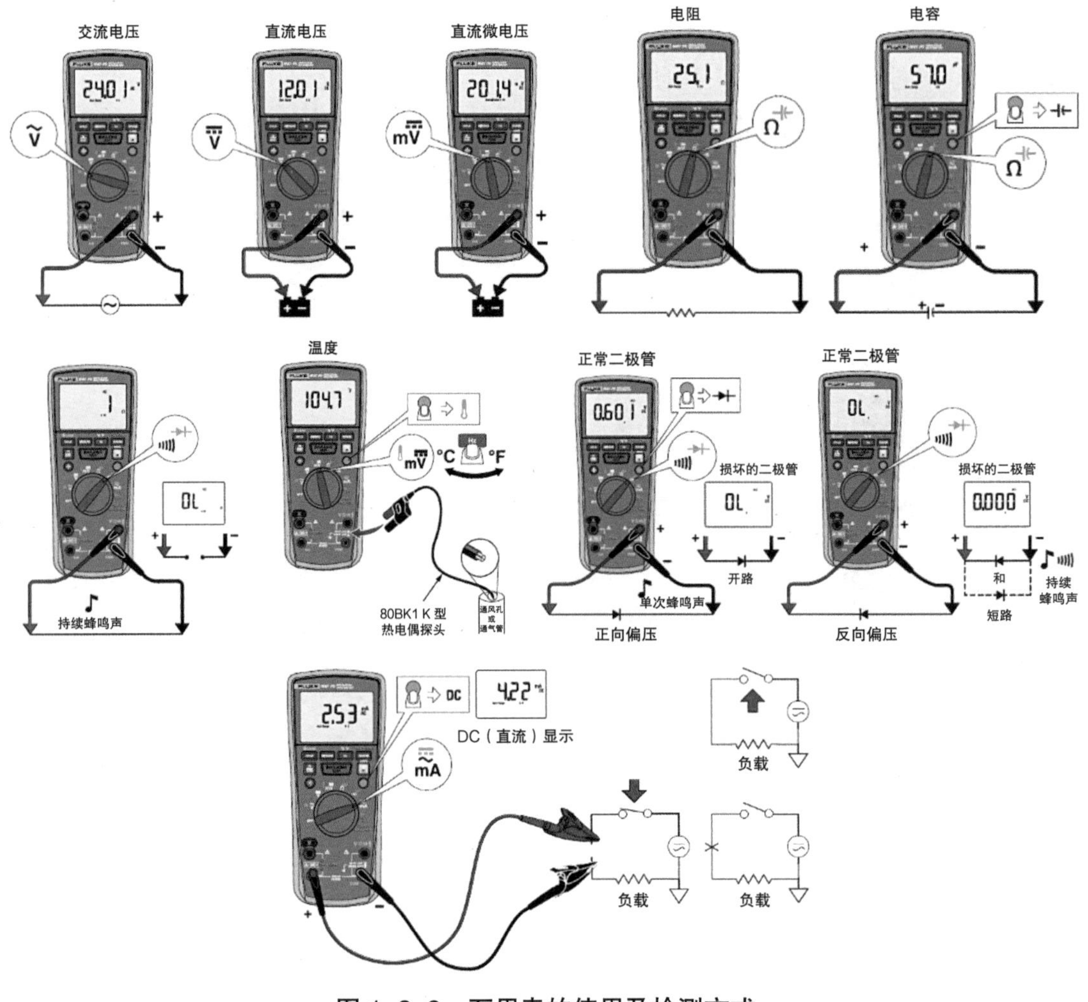

图 1–3–2　万用表的使用及检测方式

绝缘表的使用注意事项如下。

（1）严格按照测试仪手册的规定使用，否则可能会破坏测试仪提供的保护措施。

（2）在将测试仪与被测电路连接之前，始终记住选用正确的端子、开关位置和量程挡。

（3）用测试仪测量已知电压来验证测试仪操作是否正常。

（4）端子之间或任何一个端子与接地点之间施加的电压不能超过测试仪上标明的额定值。42 V 交流（AC）峰值或 60 V 直流（DC）以上时应格外小心。这些电压有造成触电的危险。

（5）出现电池低电量指示符时，应尽快更换电池。

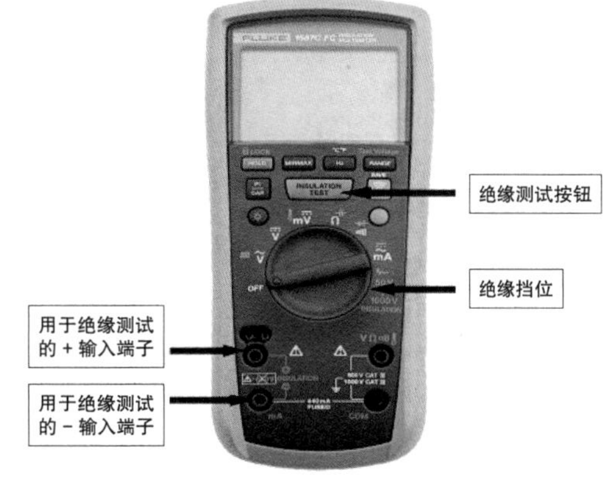

图 1–3–3　绝缘表的主要按钮示意图

（6）测试电阻、导通性、二极管或电容以前，必须先切断电源，并将所有的高压电容器放电。

（7）切勿在爆炸性的气体或蒸汽附近使用测试仪。

（8）使用测试导线时，手指应保持在保护装置的后面。

绝缘表的测试步骤（注意只能对无电电路执行绝缘测试）如下。

图 1–3–4 所示为绝缘表的接线方法。

（1）将测试探头插入 + 和 – 输入端子。

（2）将按钮旋到绝缘挡位。当开关转到该位置时，仪表将启动电池负载检查。如果电池电量无法完成测试，显示屏下部将出现 [+] 和 bAt。在更换电池前，将无法执行绝缘测试。

（3）按 RANGE 选择电压。

（4）将探头连接到待测的电路，仪表自动检测电路是否通电。

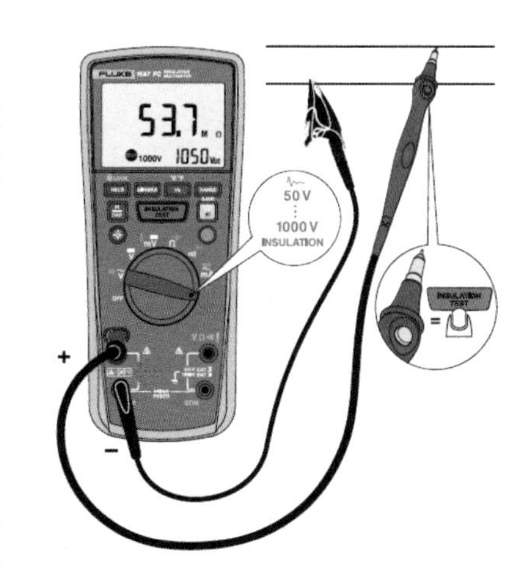

图 1–3–4　绝缘表的接线方法

主显示区中出现 ----，直到按下 INSULATION TEST，然后将获得一个有效的绝缘电阻读数，如果存在超过 30 V 的交流或直流电压，将出现高压符号 ϟ，并且主显示区将发出大于 30 V 的警告。在这种情况下，将禁止进行测试。在继续操作之前，请断开仪表，并切断电源。

按住以开始测试。辅助显示区会显示被测电路中施加的测试电压。高压符号 ϟ 将出现，并且主显示区将显示以 MΩ 或 GΩ 为单位的电阻值。TEST 图标出现在显示屏下部，直到松开 INSULATION TEST。当电阻超出最大显示范围时，仪表将显示 > 符号以及量程的最大电阻。

将探头保持在测试点上并松开 INSULATION TEST 按钮，被测电路将通过仪表放电。在开始新测试、选择不同的功能/量程或检测到电压大于 30 V 之前，电阻读数将保持在主显示区。

根据欧洲经济委员会 ECE—R100 标准，绝缘电阻必须至少为 500 Ω/V。例如：电压为 288 V，绝缘电阻至少为 288 V × 500 Ω=1.44 MΩ，测量工具的测量电压至少要与检测部件的常规工作电压一样高。测试仪的两只表笔分别接线束的端子和绝缘层。

3. 诊断仪的使用

【微信扫码】
诊断仪及示波器的使用

诊断仪主要用来读取故障码、清除故障码、读取数据流、读取数据冻结帧、启动功能、读取电脑型号。图 1–3–5 所示为专用诊断仪的使用步骤。

图 1–3–5　专用诊断仪的使用步骤

读取数据流及作用如下。

（1）12 V 低压铅酸电池电压，可以分析电池是否馈电、是否整车控制正在充电等——低压铅酸电池是否馈电、整车控制是否正常。

（2）加速踏板开度，可以分析当前加速踏板的开度——加速油门踏板是否正常。

（3）电机系统状态：电机初始化、预充电状态、电机扭矩、电机本体温度、电机控制器温度、电机转速、电机生命信号等——电机是否正常。

（4）电池系统状态：电池总电压、电池当前放电电流、电池电量、单体电池最低电压、单体电池最高电压、单体电池最高温度、单体电池最低温度、电池系统生命信号、电池继电器闭合与断开状态等——电池是否正常。

（5）整车信息：挡位状态、加速踏板电压值、低速和高速冷却风扇开启与闭合状态——挡位、加速油门踏板、高速风扇、低速风扇是否正常。

读取故障冻结帧及作用如下。

当车辆确认有故障的瞬间，由整车控制器存储车辆在“这个瞬间”的整车状态信息，有助于分析故障时的状态和故障原因，为车辆的检修提供重要依据，比如：车辆发生故障时车辆的车速、高压、挡位状态、驾驶员踩的加速踏板开度、制动状态等信息。

4. 示波器的使用

示波器显示的是某一时间段的平均电压值。波形是将各个时间点所对应的电压值连在一起的曲线。图 1–3–6 所示为示波器示意图。

示波器不是解码器，不能从 ECU 里读数据和故障码。ECU 会探测很多故障，但故障码并不直接指示故障的根源。示波器让你看到的是车辆上发生的实时的真实的信号。观看和分析示波器的波形，你可用“眼”看见车辆发生了什么，精确定位故障。图 1–3–7 所示为示波器按钮示意图。

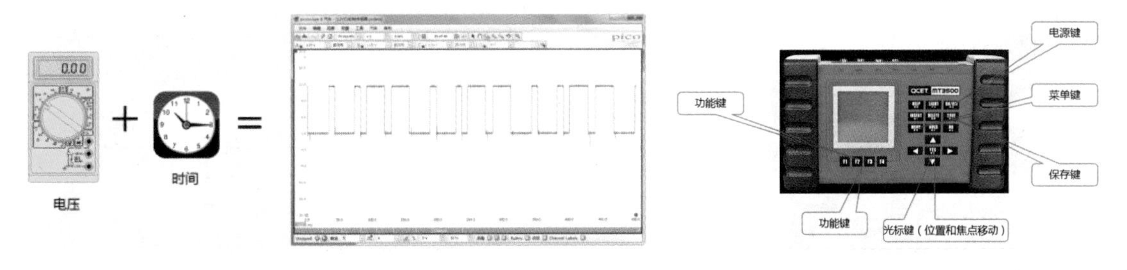

图 1–3–6　示波器示意图　　图 1–3–7　示波器按钮示意图

【拓展内容】

除了以上介绍的电动车维修工具以外，电动车的维修也用到一些其他的常规工具，如任务二中讲到的工具，下面补充一些电动车的其他维修工具。

（1）补胎的工具：气磅、扒胎板、补丁、胶水、气门钥匙、磨胎机、真空扒胎钳、补胎胶条及胶条工具。

（2）十字螺丝刀、一字螺丝刀及冲击螺丝刀。

（3）检查线路的工具：剥线钳、胶带、蓄电池电压表及霍尔检测仪。

（4）扳手和套筒：8、10、12、13、14、15、17、18、21、22 的一边开口另一边梅花的扳手，8、10、12、13 钉子套筒，12、14、17 的 Y 型扳手，活动扳手（13 号的扳手主要用在车座，17 号主要用在拆后轮）。

（5）电池工具：电烙铁、焊锡。

（6）钳子：老虎钳、卡内簧钳、截链钳。

（7）综合工具：切割机、手电钻、拔轮器、千斤顶、内六角扳手、锤子、截子、电焊机。

任务四　高压断电

在日常生活和工作中，我们经常会遇到高压电的存在，而高压断电则是一项重要的安全措施。了解高压断电的原理、操作步骤和注意事项对于维护人员和一般公众来说都非常重要。本任务将为大家详细介绍高压断电的必要性以及正确操作的方法。

【案例导入】

> 某电动汽车修理厂修理员在进行电动汽车维修时，未按正确操作步骤打开高压电路维修开关，导致维修时汽车仍有高压直流电存在，在维修过程中不慎触电，幸好同事及时正确救治处理，免遭严重的人身电伤害事故。

【理论知识】

1. 高压断电

高压断电就是指高压电源与用电设备之间脱离电器连接，如图 1-4-1 所示。

2. 高压动力电池供电（图 1-4-2）。

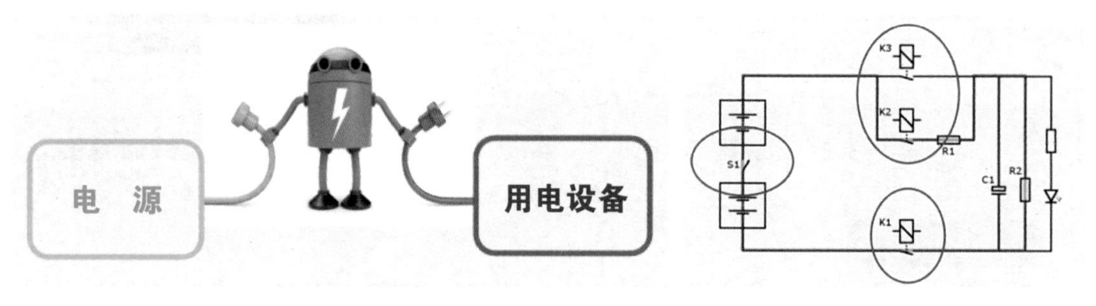

图 1-4-1　高压断电示意图　　图 1-4-2　高压动力电池供电示意图

3. 高压断电方式

（1）低压控制高压，如图 1-4-3 所示。

（2）断开维修开关，如图 1-4-4 所示。

【微信扫码】
新能源汽车高压如何断电

图 1-4-3 低压控制高压断电　　图 1-4-4 断开维修开关断电

4. 高压断电操作

在检查或维修高压系统时，需遵循以下安全操作步骤。

（1）关掉点火开关，将钥匙放置在手不能触及的地方。

（2）断开低压电池负极端子。

（3）戴好绝缘手套。

（4）拆除维修塞。

（5）等待 10 分钟或更长时间以便高压电容器放电。

（6）用绝缘乙烯胶带包裹被断开的高压线路连接器。

维修开关控制高压断电步骤，如图 1-4-5 所示。

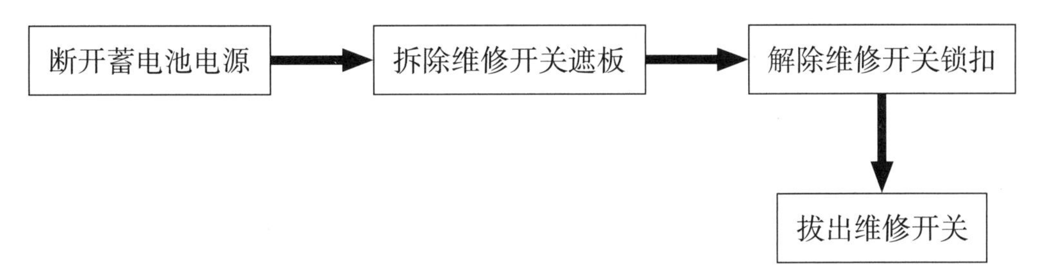

图 1-4-5 断开维修开关断电步骤

【拓展内容】

高压操作注意事项如下。

（1）电动汽车车辆调试过程中一定要坚持“以人为本，安全第一”的原则，安全一定要放到首位，人的安全问题是最优先级的考虑。

（2）操作人员上岗不得佩戴金属饰物，如手表、戒指等；工作服衣袋内不得有金属物件，如钥匙、金属壳笔、手机、硬币等。

（3）调试人员必须佩戴必要的防护工具，如绝缘手套、绝缘鞋、绝缘帽等。

（4）未经过高压安全培训的维修人员，不允许对高压部件进行维护。

（5）车辆在充电过程中不允许对高压部件进行移除、维护等工作。

（6）对高压部件进行作业前，必须确认车辆钥匙处于 lock 挡位并将 12 V 电源断开。

（7）高压部件打开后或插头断开后，使用万用表对其电压进行测量，电压在 36 V 以下才可以进行下一步的操作。

（8）发现有人触电，应立即切断电源进行抢救，按未脱离电源前不准直接接触触电者。

（9）雷雨天气，禁止室外对车辆充电和维修维护。

（10）熔断丝熔断时，不准调换容量不符的熔丝。

项目二
动力电池在新能源汽车中的应用

新能源汽车中，动力电池扮演着至关重要的角色。它们是为电动汽车提供动力的关键组件。动力电池可以高效地存储电能，并在汽车行驶过程中将其转化为机械能，驱动车辆前进。

这些电池通常由多个电池模块组成，每个模块又由多个电池单体组成。借助高科技的制造工艺，动力电池不仅具有较高的能量密度，还能提供持久而可靠的动力输出。与传统的汽油发动机相比，动力电池系统具有更低的噪声和排放，且维护成本更低。

在驱动电机接收到指令后，动力电池会释放电能，通过电控系统将其转化为电流，并传输至驱动电机，从而驱动汽车运动。动力电池系统还能通过回收制动能量将部分能量转化为电能进行再利用，提高能量利用率，减少能源浪费。

此外，动力电池还能平衡电动汽车的动力输出和续航里程。通过智能电池管理系统，可以实时监测电池状态，确保动力电池的性能和寿命。通过不断改进和创新，动力电池技术在提高能量密度、延长续航里程和缩短充电时间等方面取得了突破，进一步推动了新能源汽车的发展。

任务一　单体电池的检查

检查单体电池的工作状态是确保电池系统正常运行的重要步骤之一。以下是对单体电池进行检查的几个方面。

（1）外观检查：检查每个单体电池的外观是否完好无损，是否有明显变形、漏液或腐蚀现象。

（2）温度检测：使用温度计或红外测温仪检测每个单体电池的温度，确保电池温度在正常范围内，不过热或过冷。

（3）电压检测：使用电压表或专用测试设备测量每个单体电池的电压，确保电压稳定并在规定范围内。

（4）内阻检测：通过专用的内阻测试仪测量每个单体电池的内部电阻，以评估电池的健康状况。

（5）堆叠匹配：对于多个单体电池堆叠的电池组，还需要检查每个单体电池之间的匹配性，确保电池之间的电压、内阻等参数相近。

通过对单体电池的综合检查，可以及时发现电池的异常问题并采取相应的修复措施，以确保电池系统的安全和性能稳定。注意，这仅是单体电池检查的基本指导，具体的检查步骤和方法可能因电池类型和规格而有所不同。

【背景描述】

【微信扫码】
新能源汽车动力电池故障诊断

【案例导入】

车型信息：广汽新能源

行驶里程：38 116 km

购车日期：2018−09−20

客户反馈：马先生的电动汽车行驶过程中，汽车驾驶无力，仪表上的动力电池故障指示灯点亮。马先生很是担心，到 4S 店进行检修，维修人员用检测仪进行检测。

故障现象：①查看动力电池电量显示，电量仅有 1 格，且在闪烁。

②动力电池电量由原来的 4 格，突然跳变到 1 格。

③报故障时，车辆能 ready，但组合仪表一直提示故障并发出“滴滴滴滴”的声响。仪表显示故障现象如图 2−1−1 所示。

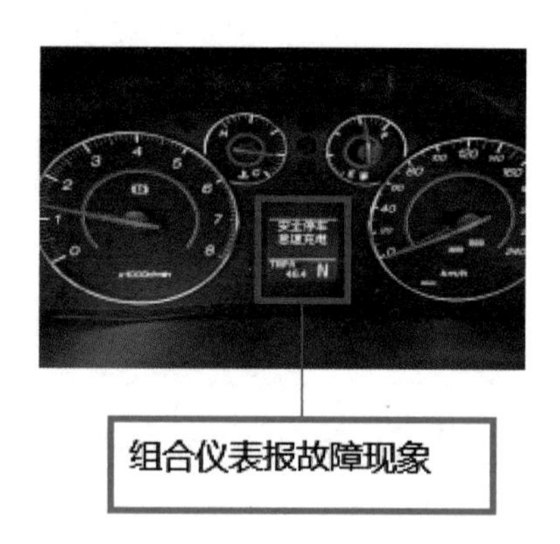

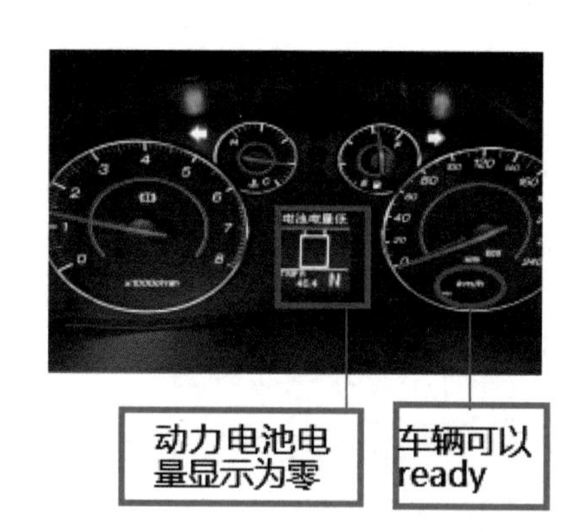

图 2−1−1　仪表显示故障现象

【理论知识】

（一）什么是电池

电池是化学能转化为电能的装置。

（二）电池的分类

电池的分类如图 2-1-2 所示，分为化学电池、物理电池、生物电池。

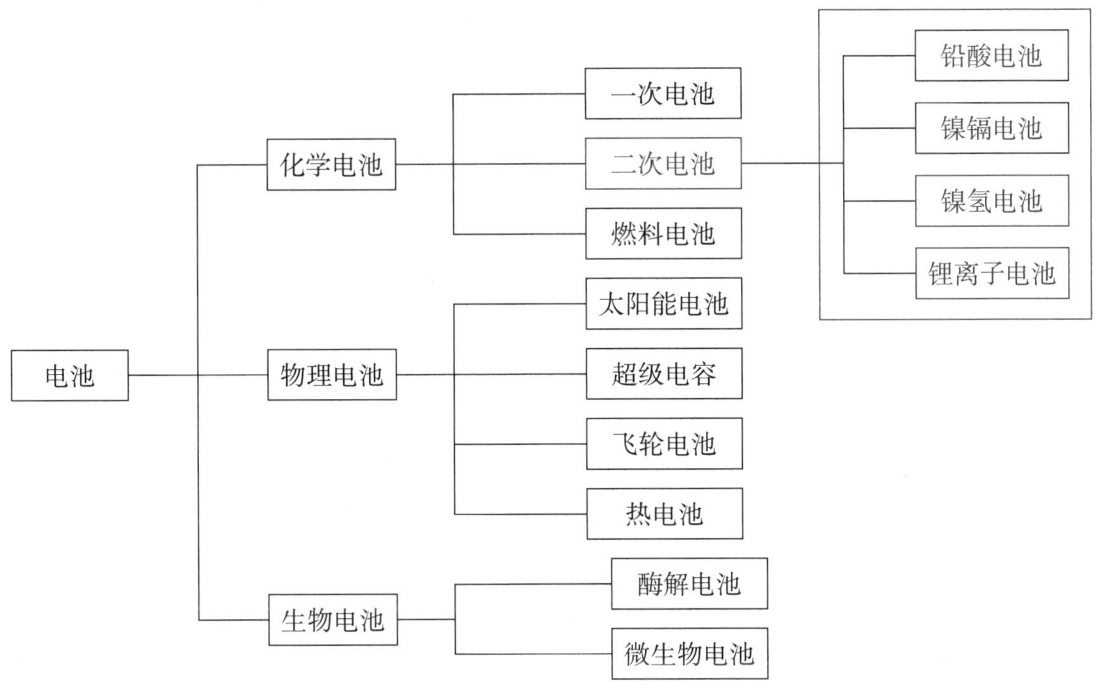

图 2-1-2　电池种类

【微信扫码】
动力电池与普通电池

电动汽车电池分为两大类，蓄电池和燃料电池。蓄电池适用于纯电动汽车，包括铅酸蓄电池、镍基电池、钠硫电池、二次锂电池、空气电池等（图 2-1-3）。燃料电池专用于燃料电池电动汽车。电动汽车常用电池有磷酸铁锂电池、三元锂电池、锰酸锂电池。

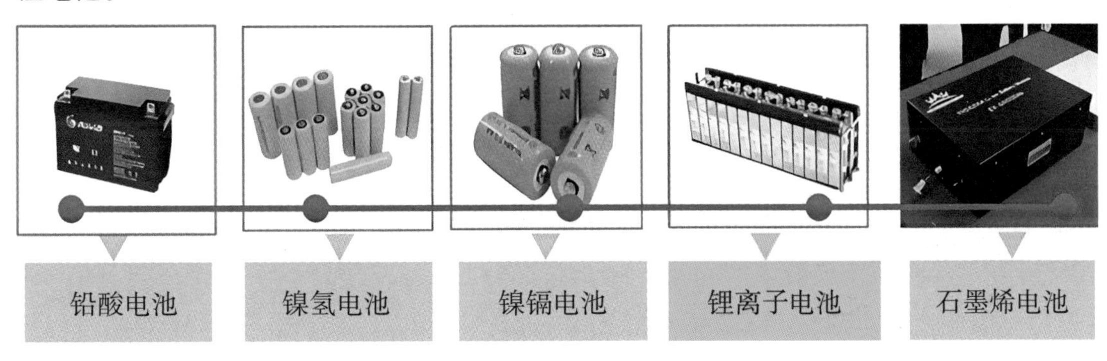

图 2-1-3　适用于纯电动汽车的蓄电池

1. 镍氢电池

镍氢电池（Ni–MH battery）主要应用在混合动力汽车（HEV）和消费类电器产品两大领域，2018 年 HEV 市场占 90% 以上的应用份额，镍氢小型电池和镍氢动力电池为稀土储氢合金主要应用领域，全球稀土储氢合金 95% 由中国和日本供应，中国储氢合金产量超过全球总产量的 70%。

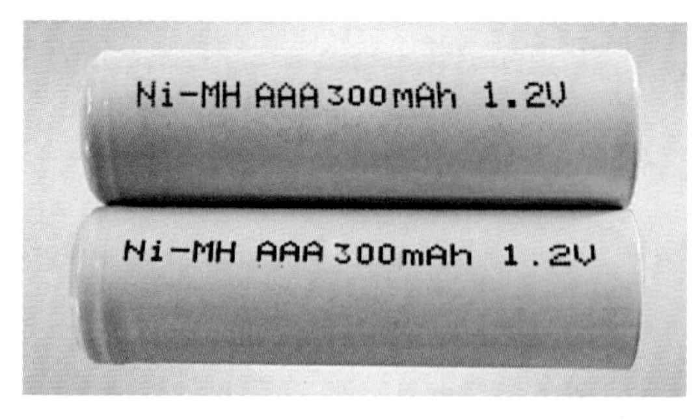

图 2–1–4　镍氢电池

镍氢电池如图 2–1–4 所示，具有环境友好、快速充放电、低成本、宽温区使用的良好特性，且在快速充放电过程中保持性能的相对稳定，在抗震、防水防热、无毒害物质产生方面具有更高的安全性，应用范围较广。

镍氢电池中，镍含量占 55%，稀土占 32.2%，其他为钴、锰以及铝元素。而稀土元素中镧占 20.2%，铈占 8%，钕占 3%，镨占 1%，均为中国富有的轻稀土。

镍氢电池是由氢离子和金属镍合成的，电量储备比镍镉电池多 30%，比镍镉电池更轻，使用寿命也更长，并且对环境无污染。镍氢电池的缺点是价格比镍镉电池贵很多，性能比锂电池要差一些。

镍氢电池是一种碱性电池，负极采用由储氢材料作为活性物质的氢化物（储氢合金），正极采用氢氧化镍［$Ni(OH)_2$］，简称镍电极，电解质为 6 mol/L 的氢氧化钾水溶液。

2. 锂离子电池

锂离子电池是一种二次电池，依靠锂离子在正极和负极之间移动来工作。如图 2–1–5 所示，在充放电过程中，锂离子在两个电极之间往返嵌入和脱嵌。充电时，锂离子从正极脱嵌，经过电解质嵌入负极，负极处于富锂状态。放电时，锂离子从负极脱嵌，经过电解质嵌入正极，正极处于富锂状态。

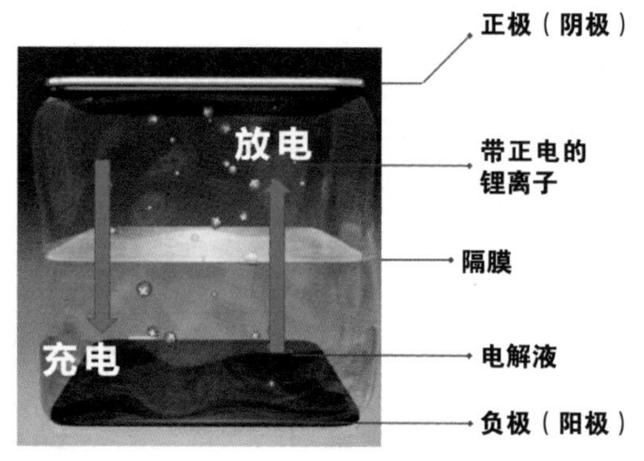

图 2–1–5　锂电池的充放电过程

【微信扫码】
电池制造技术

1）商业化的锂电池（图 2–1–6）

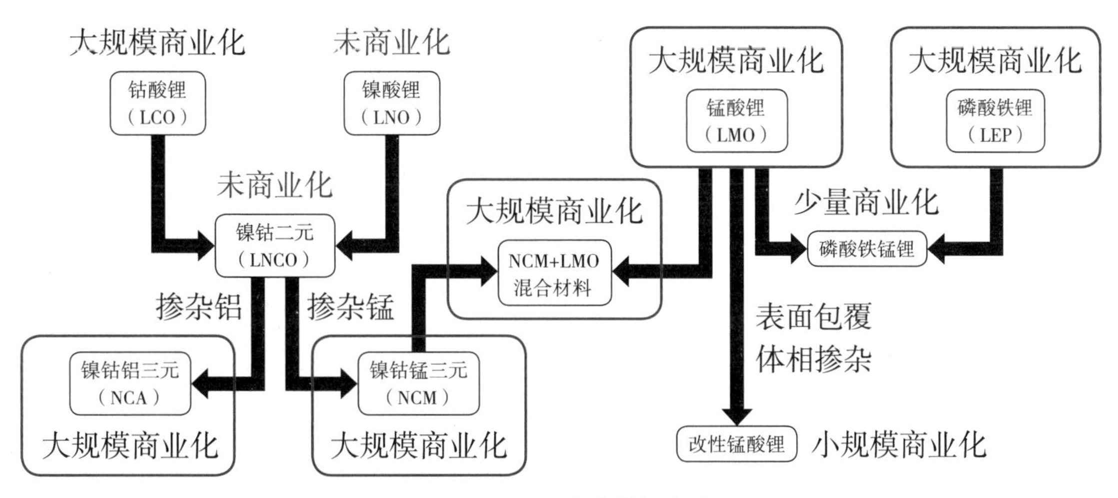

图 2-1-6　商业化的锂电池

2）锂离子电池结构

锂离子电池主要由电芯和保护板两大模块组成。电芯相当于锂电池的心脏，管理系统相当于锂电池的大脑。电芯主要由正极材料、负极材料、电解液、隔膜和外壳构成，而保护板主要由保护芯片或管理芯片、MOS 场效应管、电阻、电容和印刷电路板等元件组成。

3）锂离子电池封装形式

【微信扫码】
锂离子电池封装形式

锂离子电池封装形式如图 2-1-7 所示，主要有圆柱形、方形和软包三种。

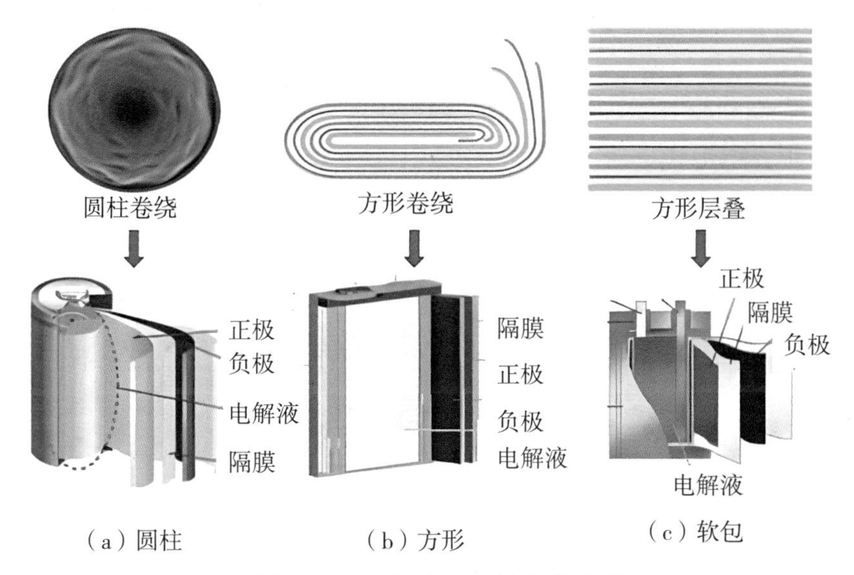

图 2-1-7　锂离子电池封装形式

（1）圆柱形锂电池

圆柱形锂电池分为磷酸铁锂、钴酸锂、锰酸锂、钴锰混合、三元材料等不同体系，外壳分为钢壳和聚合物，不同材料体系电池有不同的优点。目前，圆柱形锂电池主要以磷酸铁锂和三元材料为主，常见型号有14650、17490、18650、21700、26650等。

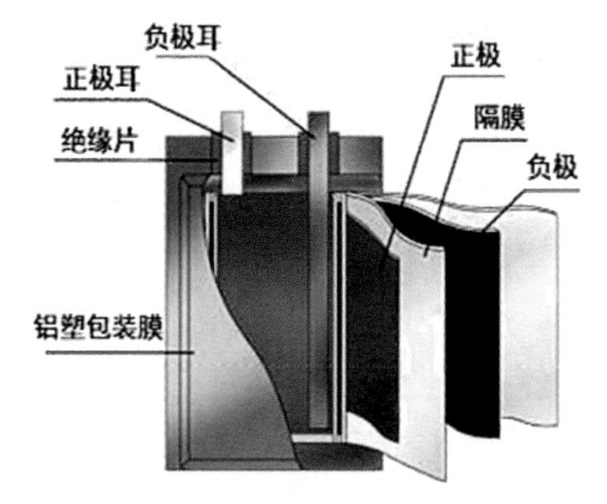

图 2–1–8　圆柱形锂电池结构

圆柱形锂电池结构包括正极盖、安全阀、PTC元件、电流切断机构、垫圈、正极、负极、隔离膜、壳体，内部采用螺旋绕制结构，用一种非常精细且渗透性很强的聚乙烯、聚丙烯或聚乙烯与聚丙烯复合的薄膜隔离材料在正、负极间间隔而成。圆柱形锂电池结构如图2–1–8所示。

（2）软包锂电池

图 2–1–9　软包锂电池

软包锂电池（图2–1–9）是液态锂离子电池套上一层聚合物外壳，与其他电池最大的不同之处在于软包装材料（铝塑复合膜），这也是软包锂电池中最关键、技术难度最高的材料。软包装材料通常分为三层，即外阻层（一般为尼龙BOPA或PET构成的外层保护层）、阻透层（中间层铝箔）和内层（多功能高阻隔层）。三元软包电池容量较同等尺寸规格的钢壳锂电高10% ~ 15%、较铝壳电池高5% ~ 10%，而重量却比同等容量规格的钢壳电池和铝壳电池更轻，因此，补贴新政对三元软包电池更有利。

（3）方形锂电池

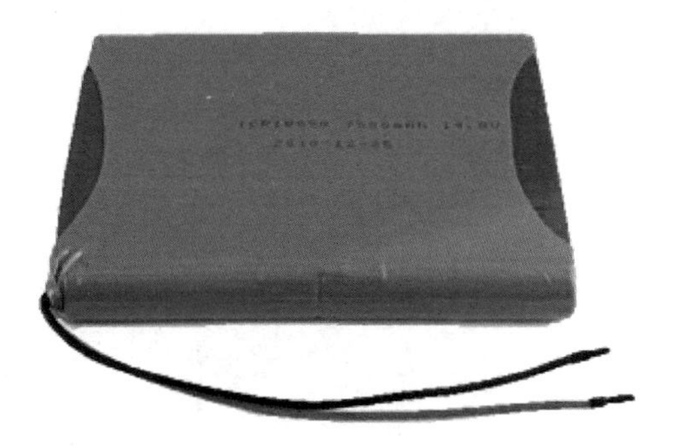
图 2–1–10　方形锂电池

方形锂电池如图2–1–10所示。通常是指铝壳或钢壳方形电池，内部主要通过叠片这种形式，即在正极上放置隔膜然后是负极，以此类推，叠加而成。电池内部充有电解质溶液，另外还设有安全阀和PTC元件（正温度系数热敏电阻），以便电池在不正常状态或输出端短路时保护电池不受损坏。

表 2–1–1　锂离子电池主要材料构成

组成部分	常用材料
正极	钴酸锂、锰酸锂、三元材料和磷酸铁锂
负极	石墨、石墨化碳材料、改性石墨、石墨化中间相碳微珠

（续表）

组成部分	常用材料
隔膜	聚乙烯或聚丙烯微孔膜
电解液溶剂	碳酸乙烯酯（EC）、碳酸丙烯酯（PC）、碳酸二甲酯（DMC）、碳酸二乙酯（DEC）、二甲氧基乙烷（DME）
电解质	六氟磷酸锂（$LiPF_6$）

4）锂离子电池参数对比

见表 2-1-2。

表 2-1-2　锂离子电池性能参数对比

性能参数	钴酸锂	三元锂	锰酸锂	磷酸铁锂
电压平台	3.7 V	3.7 V	3.8 V	3.2 V
最高电压	4.2 V	4.2 V	4.2 V	3.7 V
最低电压	2.6 V	3.0 V	2.5 V	2.65 V
循环寿命	>300 次	>800 次	>500 次	>2000 次
环保性能	含钴	含钴、镍	无毒	无毒
安全性能	差	较好	良好	优秀
适用领域	小电池	小电池、小型动力电池	动力电池	动力电池、超大容量电源

5）锂离子电池工作原理（图 2-1-11）

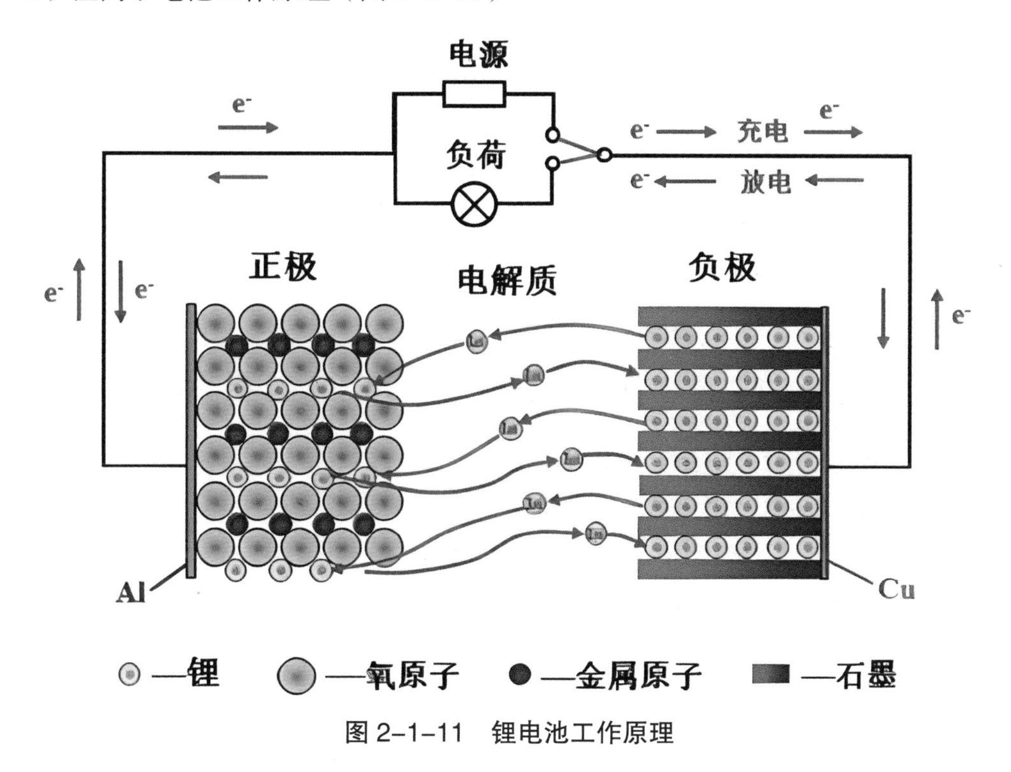

图 2-1-11　锂电池工作原理

【微信扫码】
锂离子电池的结构及其充放电原理

（1）充电时

在外加电场的影响下，正极材料分子里面的锂元素被氧化脱离出来，变成带正电荷的锂离子，在电场力的作用下从正极移动到负极，锂离子迁移并以原子形式嵌入电极材料碳中，与负极的碳原子发生化学反应。从正极跑出来的锂离子嵌入负极的石墨层状结构当中，跑出来转移到负极的锂离子越多，这个电池可以存储的能量就越多。

（2）放电时

放电的时候刚好相反，内部电场转向，锂离子从负极脱离出来，顺着电场的方向又跑回到正极，重新变成钴酸锂分子。从负极跑出来转移到正极的锂离子越多，这个电池可以释放的能量就越多。

在每一次充放电循环过程中，锂离子充当了电能的搬运载体，周而复始地从正极→负极→正极来回移动，将化学能和电能相互转换，实现了电荷的转移。锂离子电池就是因锂离子在充放电时来回迁移而命名的，所以锂离子电池又称作“摇椅电池”。

正极：$Li_{1-x}M_yO_z+Li+_xe^- \rightleftharpoons LiM_yO_z$

负极：$Li_x(C) \rightleftharpoons C+_xLi^++_xe^-$

完全反应：$Li_{1-x}M_yO_z+Li_x(C) \rightleftharpoons LiM_yO_z$

6）锂离子电池型号

（1）圆柱形电池型号

用三个字母后跟五个数字表示，如图 2-1-12 所示。三个字母，第一个字母表示负极材料，I 表示有内置的锂离子，L 表示锂金属或锂合金电极；第二个字母表示正极材料，C 表示钴，N 表示镍，M 表示锰，V 表示钒；第三个字母为 R 表示圆柱形。五个数字，前两个数字表示直径，后三个数字表示高度，单位都为 mm。

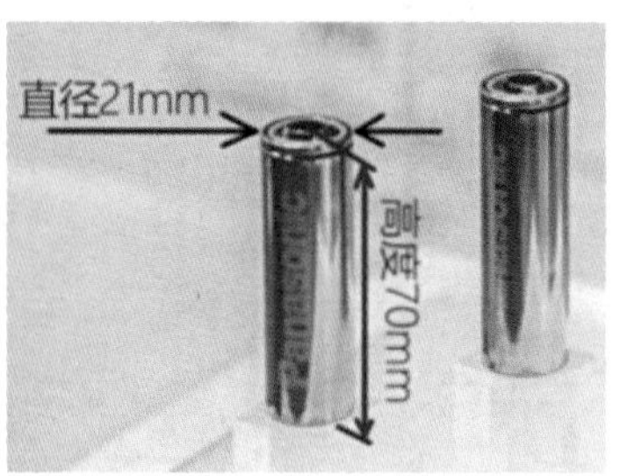

ICR 21700 电池
直径为 21mm
高度为 70mm 的圆柱形电池

图 2-1-12　圆柱形锂离子电池型号

（2）方形电池型号

用三个字母后跟六个数字表示，如图 2-1-13 所示。三个字母，前两个字母的意义和圆柱形电池一样，后一个字母为 P 表示方形。六个数字，前两个数字表示厚度，中间两个数字表示宽度，后面两个数字表示高度（长度），单位也为 mm。

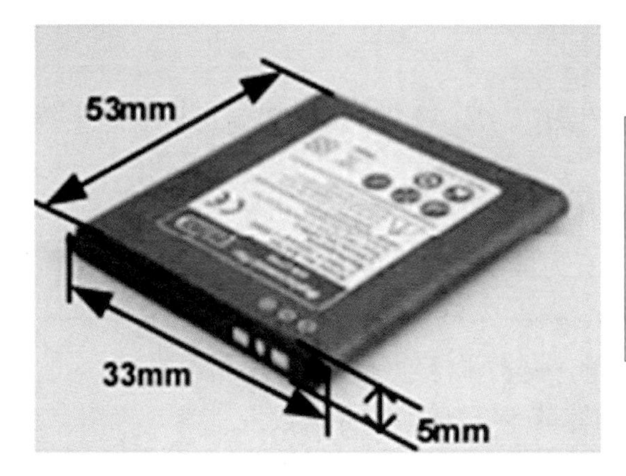

ICP 053353 电池
厚度为 5mm
宽度为 33mm
高度（长度）为 53mm 的方形电池

图 2-1-13　方形锂离子电池型号

7）锂离子电池应用特性

① 电压高。单体电池电压最高可达 3.8 V，比能量高，是镍镉、镍氢电池的 3 倍，约为铅酸电池的 2 倍。

② 能量密度大。比能量高达 150 W · h ／ kg。

③ 寿命长。锂离子电池的循环次数可达 1 000 ~ 3 000 次。以容量保持在 70% 计算，电池组 100% 充放电循环次数可以达到 2 000 次，使用年限可达 5 ~ 8 年。

④ 应用范围宽。低温性能好，锂离子动力电池可在 −40 ~ +55 ℃之间工作。

⑤ 无记忆。

⑥ 无污染。

⑦ 有安全隐患。

⑧ 价格高。

8）锂离子电池应用场景

如图 2-1-14 所示，锂离子电池可应用于汽车、摩托车、照相机、收音机、信号灯、机器人、电脑、手机等。

图 2-1-14　锂离子电池的应用场景

9）锂离子电池参数

【微信扫码】
常用动力电池性能指标检测方法

（1）额定电压

动力电池额定电压又称标称电压。

额定电压 = 单体电芯额定电压 × 单体电芯串联数

动力电池实际工作电压是随着不同使用条件而不断变化的，其电压状态主要有以下四种。

① 开路电压。

② 工作电压：指电池在工作状态下，即电路中有电流通过时，电池正负极之间的电势差。

③ 放电截止电压。

④ 充电限制电压：指充电过程中由恒流变为恒压充电的电压。

（2）电芯容量

电芯容量是指动力电池所能够储存的电量，是衡量电池性能的重要指标之一。

动力电池电芯容量 = 单体电芯容量 × 单体电芯并联数量

电芯容量是由电池电极活性物质决定的，主要取决于活性物质的数量、质量以及活性物质的利用率。容量用 C 表示，单位用 A · h 或 mA · h 表示。

$$C\text{（A · h）} = \text{放电电流 } I\text{（A）} \times \text{放电时间 } t\text{（h）}$$

（3）额定能量

动力电池额定能量是衡量电池性能的重要指标之一，单位为 kW · h。

动力电池额定能量 = 动力电池额定电压 × 动力电池容量

额定能量是汽车厂商公布的电池储备电量大小的度量单位。1 kW · h 的物理意义是功率为 1 kW 的电器工作 1 h 所消耗的电能。对于日常生活中来说，1 kW · h 即 1 度电。

（4）连接方式

3P91S：3 并 91 串，表示由 3 个单体电池并联成 1 组，共有 91 组串联在一起。

1P100S：1 并 100 串，表示由 100 个单体电池串联而成。

（5）能量密度

能量密度是指电池单位体积或单位质量所释放出来的能量，通常用体积能量密度（W · h ／ L）和质量能量密度（W · h ／ kg）表示，常见电池能量密度对比如表 2–1–3 所示。

表 2–1–3 常见电池能量密度对比

电池类别	铅酸电池	镍镉电池	镍氢电池	锂电池
质量能量密度（W·h/kg）	30~50	50~60	60~70	130~150
体积能量密度（W·h/L）	50~80	130~150	190~200	350~400

（6）电池内阻

电池内阻是指蓄电池在工作时，电流流过电池内部所受到的阻力，它包括欧姆内阻和极化内阻。欧姆内阻主要是由电极材料、电解液、隔膜电阻及各部分零件的接触电阻组成，与电池的尺寸、结构和装配等因素有关。一般用 mΩ 来衡量。

（7）剩余电量（state of charge，SOC）

剩余电量如图 2–1–15 所示，是指动力电池内部的可用电量占标称容量的比例，是电池管理系统中的一个重要监控数据，电池管理系统根据剩余电量值控制电池的工作状态。

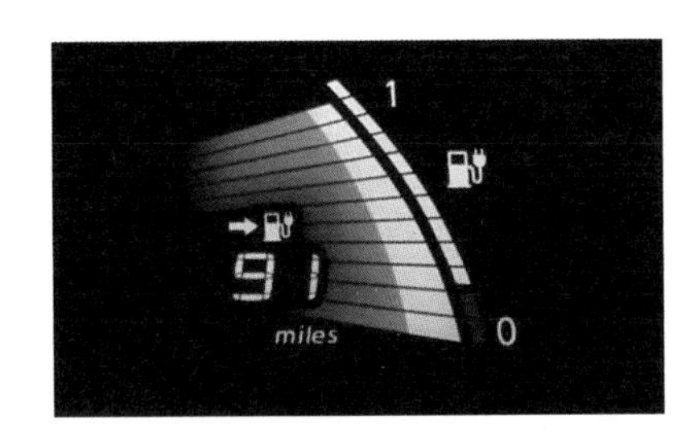

图 2–1–15　剩余电量

（8）充放电倍率（C）

充放电倍率用来表示电池充放电时电流大小的比率，即倍率。

充放电倍率 = 充放电电流 / 额定容量

例如 : 额定容量为 100 A · h 的电池用 20 A 放电时，其放电倍率为 0.2 C。

1 C、2 C、0.2 C 是指电池的放电速率，表示放电快慢的一种量度。所有的容量 1 h 放电完毕，称为 1 C 放电; 5 h 放电完毕，则称为 1/5 = 0.2 C 放电; 对于 24 A · h 电池来说，2 C 放电电流为 48 A，0.5 C 放电电流为 12 A。

（9）放电深度（depth of discharge，DOD）

在电池的使用过程中，电池放出的容量占其额定容量的百分比称为放电深度。放电深度的高低和二次电池的充电寿命有很大的关系。当二次电池的放电深度越深，其充电寿命就越短，会导致电池的使用寿命变短，因此在使用时应尽量避免深度放电。DOD 和 SOC 的关系为

$$DOD=1-SOC$$

（三）单体电池的常见故障

单体电池常见故障有三种情况，见表 2–1–4。

表 2–1–4　单体电池常见的三种故障

故障类型	处理方式
单体电池性能正常，但参数不正常	需单独充放电，无需更换
电池性能衰退严重	更换单体电池
单体电池出现短路的故障	导致电池失效，应立即更换

1. 单体电池性能正常，但参数不正常

电池性能正常，无须更换。如果单体电池 SOC 偏低，则该电池在汽车行驶过程中，电压最先达到放电截止电压，使得电池组实际容量降低，应对该单体电池进行补充充电。如果单体电池 SOC 偏高，则该电池在充电末期最先达到充电截止电压，影响充电容量，需对该单体电池进行单独补充放电。

2. 电池性能衰退严重

电池性能衰退严重，应立即更换。在电池组中，最小的单体电池容量也限制了整个电池组的容量，因此发生单体电池容量不足故障会影响车辆续驶里程。锂离子电池内阻如果过大，会严重影响电池的电化学性能，如充放电过程中的极化严重、活性物质利用率低、循环性能差等，如图 2-1-16 所示。

电池内阻过大
电化学性能下降
充放电过程中的极化严重
活性物质利用率低
循环性能差

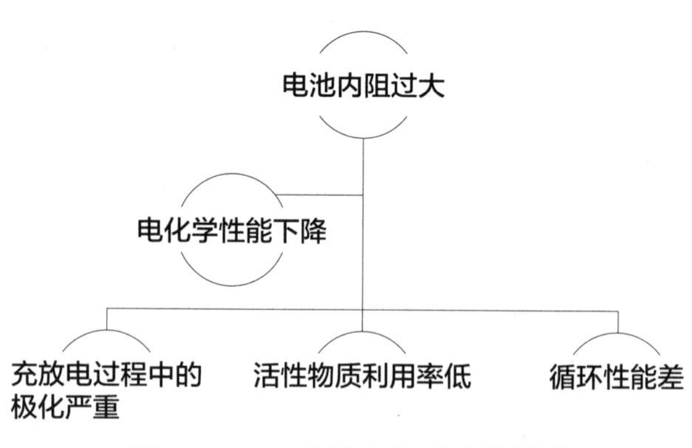

图 2-1-16　电池内阻过大的影响

3. 电池单体内部 / 外部短路

单体电池出现短路将影响行车安全。如果单体电池极性装反，在强振动下锂离子电池的极耳、极片上的活性物质、接线柱、外部连线和焊点可能会折断或脱落，造成单体电池内部短路或者外部短路故障。

通常情况下，造成单体电池前两种故障的原因可能包括两个：一是动力电池成组时单体电池一致性问题，单体电池的 SOC、容量、内阻本身就存在差异；二是单体电池在成组应用过程中因为应用环境差异（如温度、充放电电流）而造成的一致性差异增加，加剧单体电池的不一致性。

（四）影响电池成组特性的主要因素

1. 电池的老化

电池老化是电池性能和稳定性在使用过程中有所下降的一种现象。电池容量随着充放电次数的增加而减少，这种变化被量化为工作寿命，即一个电池在其容量降至初始容量 80%，或是 SOC 降至 0.8 的充 / 放电次数，如图 2-1-17 所示。

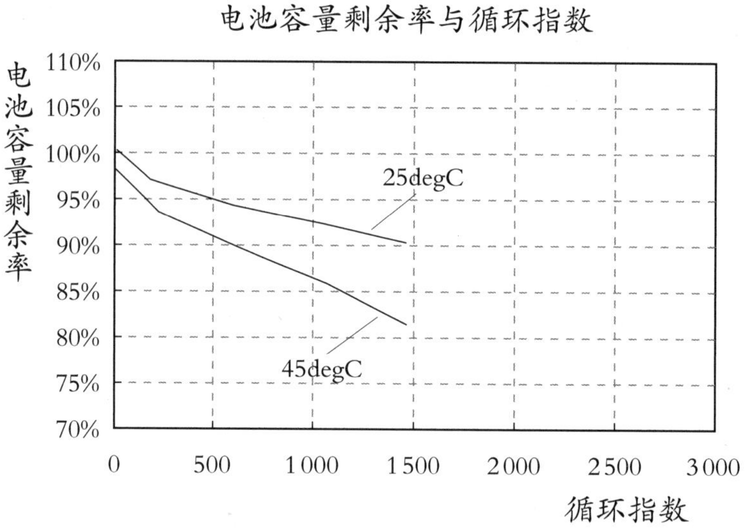

电池容量剩余率与循环指数
电池容量剩余率
110%
105%
100%
95%
90%
85%
80%
75%
70%
25degC
45degC
0
500
1000
1500
2000
2500
3000
循环指数

图 2-1-17　锂离子电池老化曲线图

新能源电动汽车的充电控制策略通常为预充→恒流→涓流（恒压）→结束，如图 2–1–18 所示。预充电过程不是每次充电时都有，当电池单体电压低于 2.7 V 时，如果直接进入恒流充电会损害电池，此时自动开启预充模式，电压升高至一定值以后转为恒流充电模式。恒流充电是指以恒定的电流充电至 70% ~ 80% 电池电量，此时电压达到最高限制电压，然后转为涓流充电模式。涓流充电是以 30% 的时间充入 10% 的电量，之后充电过程结束。

锂离子电池在充电过程中一般分为三个过程：涓流充电、恒流充电、恒压充电，故电池充电可分为三个步骤。第一步：判断电压 < 3 V，要先进行预充电，为 0.1 C 电流。第二步：3 V< 判断电压 < 4.1 V，进行恒流充电，一般为 0.2 C~1 C 电流。第三步：判断电压 > 4.1 V，进行恒压充电，电压为 4.1 V，电流随电压的增加而减少，直到充满。

2. 单体电池的一致性

同一种规格的电池，其容量、内阻、充放电性能、老化过程应一致，如图 2–1–19 所示。

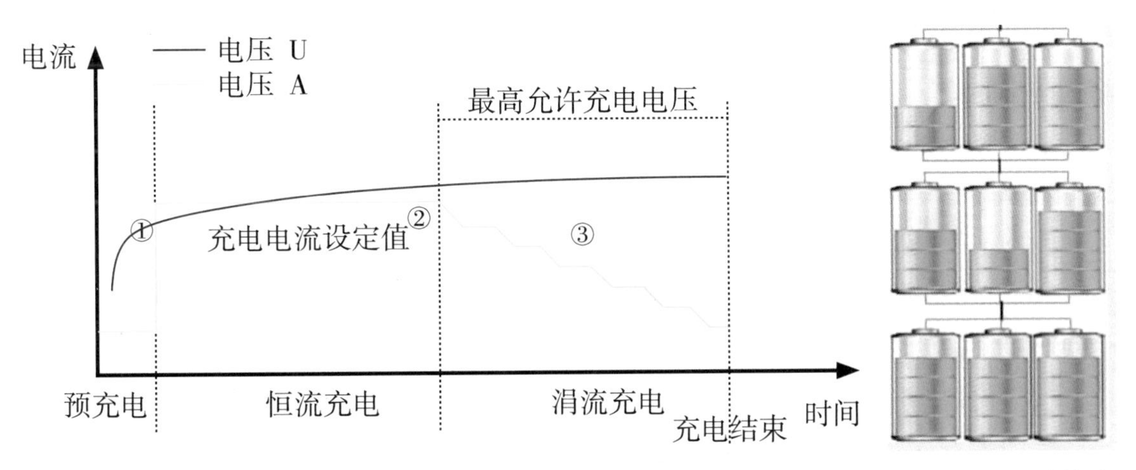

图 2–1–18　新能源电动汽车的充电控制策略

图 2–1–19　单体电池的一致性

【拓展内容】

（一）三元锂电池

三元锂电池全称是“三元材料电池”，一般是指采用镍钴锰酸锂（NCM）或镍钴铝酸锂（NCA）三元正极材料的锂离子二次电池。

三元：电池的正极包含镍、钴、锰（或铝）三种金属元素的聚合物。

锂：电解质以六氟磷酸锂为主的锂盐。

负极：绝大多数锂离子电池的负极材料都是石墨。

其标称电压可达到 3.6 ~ 3.8 V，能量密度比较高，电压平台高，振实密度高，续航里程长，输出功率较大，高温稳定性差，但低温性能优异，造价也比较高。

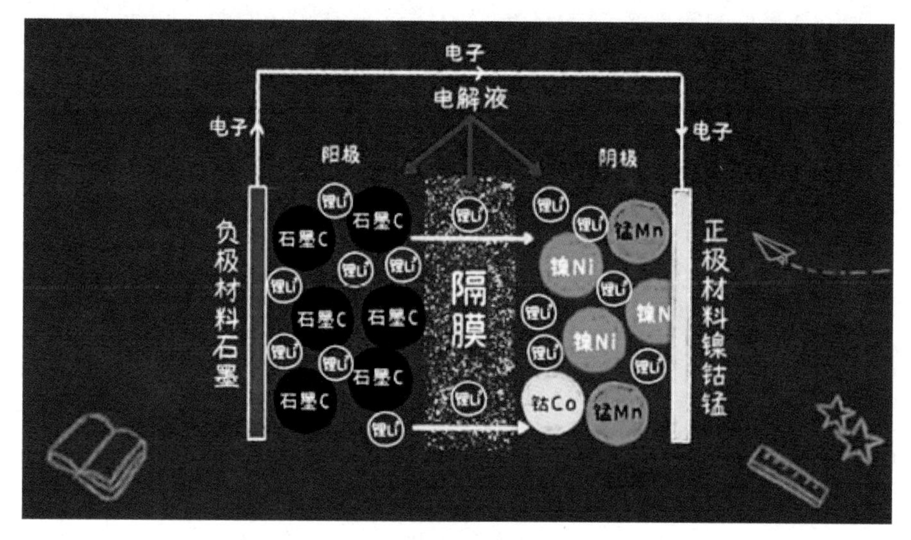

图 2-1-20 镍钴锰酸锂电池放电示意图

镍：副族中的活性金属，主要作用是提升电池的体积能量密度，是提升续航里程的主要突破口。

钴：副族中的活性金属，起到提升稳定性和延长电池的寿命的作用，也决定了电池的充放电速度和效率（倍率性能）。

锰 / 铝：提高电池的安全性和稳定性。

在三元锂电池的正极材料中，镍、钴、锰（或铝）这三种金属元素缺一不可，多一个或者少一个都会影响其最终的表现或做不成电池。镍钴锰酸锂电池放电示意图如图 2-1-18 所示。

三元材料不同的比例对比如下。

①提高镍的比例：电池能量更足。

②提高钴的比例：电池寿命更长、充电更快。

③提高锰 / 铝的比例：电池更稳定、成本更低。

根据正极材料中镍、钴、锰（或铝）三种元素的混合比例不同，也就有了不同的三元型号，如 111、523、622、811 等。

动力电池的性能指标动力电池作为电动汽车的储能动力源，主要通过电池的性能指标来评定其实际效应。电池的性能指标主要有电压、容量、内阻、能量、功率、输出效率、自放电率、使用寿命等。根据电池种类不同，其性能指标也有所差异。

（二）特斯拉动力电池 4680

特斯拉单体到电池包（cell to pack，CTP）无模组方案采用最新的 4680 电芯如图 2-1-21 所示（直径 46 mm，高 80 mm），完全取消了电池模组设计，直接将 960 个 4680 电芯按照 40 × 24 的排列方式放入动力电池结构体中（图 2-1-22）。由于圆柱体良好的刚性，4680 电芯既有储能作用，又有结构支撑作用。这一方案和比亚迪的刀片电池设计思路非常相似，值得大家仔细研究。

图 2-1-21　4680 电芯尺寸

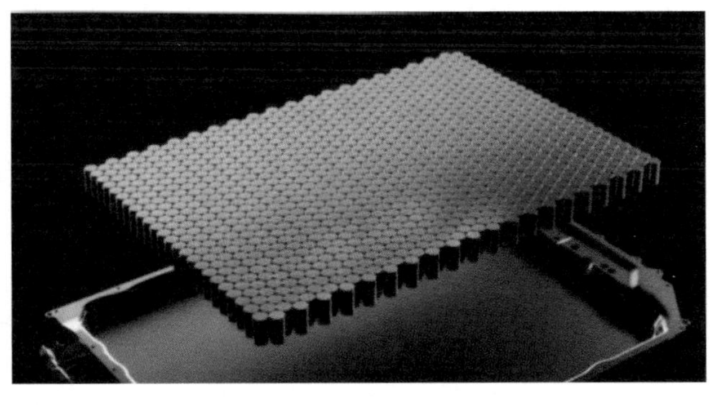

图 2-1-22　4680 布局

下面从能量密度和容量入手，分析 4680 电池的优势。

能量密度包括重量能量密度和体积能量密度，在新能源领域，我们更关心的是电池重量能量密度，基本单位为 W・h/kg。

电池重量能量密度 = 电池容量 × 放电平台电压 / 重量

电池的能量密度又分为电芯的能量密度和电池系统的能量密度。

从松下 18650 电芯和 21700 电芯的比较（表 2-1-5）可以看出组成电芯的各种材料特性决定了电芯的能量密度，在不改变材料特性的情况下增大电芯尺寸，不能从根本上改变电芯的能量密度。

表 2-1-5　单体电池的比较

型号	容量（A・h）	电压（V）	能量（W・h）	重量（g）	体积（mm^3）	价格［美元 /（千瓦・时）］
18650（Model S）	3.0	3.6	10.8	45	660	185
21700（Model 3）	4.8	3.6	17.3	70	970	170

4680 电芯体积和 21700 电芯的 5.48 倍，按照 18650 电芯到 21700 电芯的情况类别，在不考虑其他技术改进的情况下，容量增加 5 倍是很正常的。

21700 电芯和 18650 电芯相比，体积增加了约 46.6%，容量增加了约 60%，重量增加了约 55%。可以看出，能量密度基本没变，约为 247 W・h/kg。也就是说不考虑其他技术改进，4680 电芯的重量能量密度变化不大，所以 4680 电芯的重量应该也增长约 5 倍。

松下表示，21700 电池能量密度将提高 5%。出口欧洲的 Model 3 车辆登记信息已经显示电池容量为 82 kW・h，相比之前的 78 kW・h，确实提升约 5%。

可以算出，最新的松下 21700 电芯容量约为 5 000 mA・h。那么 4680 电芯的容量约为 5.5 × 5 000 = 27 500 mA・h = 27.5 A・h。这就是 4680 电芯短期内的容量，能量密度则为 27.5 × 3.6/0.07 × 5 = 283 W・h/kg。

考虑到其他的技术改进，比如阳极、阴极材料等，接下来 4680 电芯的总容量应能达到 30 A・h，而能量密度应能达到 300 W・h/kg。

我国工信部《汽车产业中长期发展规划》中要求 2020 年动力电池单体能量密度达到 300 W·h/kg。国内企业如果想达到这样的能量密度，采用的都是软包电芯，软包在单体密度上更有优势，可是由于安全限制，做不到无模组集成。

在分析 4680 电芯的无模组方案对电池系统的影响之前，先看看采用 21700 电芯的 Model 3 电池是什么样子（图 2–1–23）。

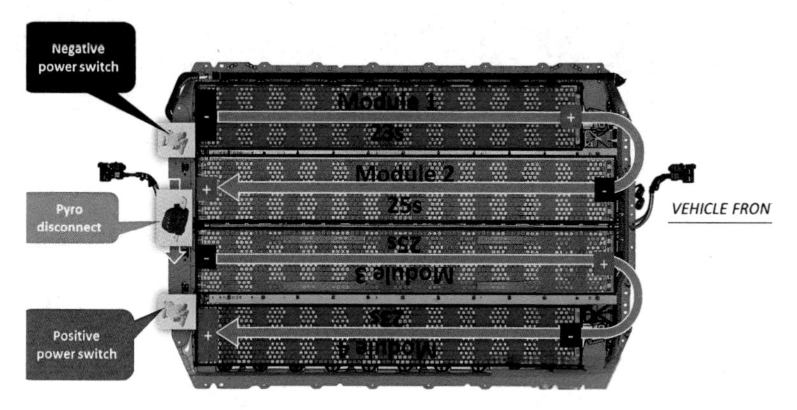

图 2–1–23 21700 电芯的 Model 3 电池布局

Model 3 的长续航版电池包由 2 大 2 小 4 个模块串联组成，大模块（黄色）包含 25 个串联电池块，小模块（绿色）包含 23 个串联电池块，每个电池块由 46 个 21700 电芯并联构成，共计 4416 个电芯。电芯排列如图 2–1–24 所示。

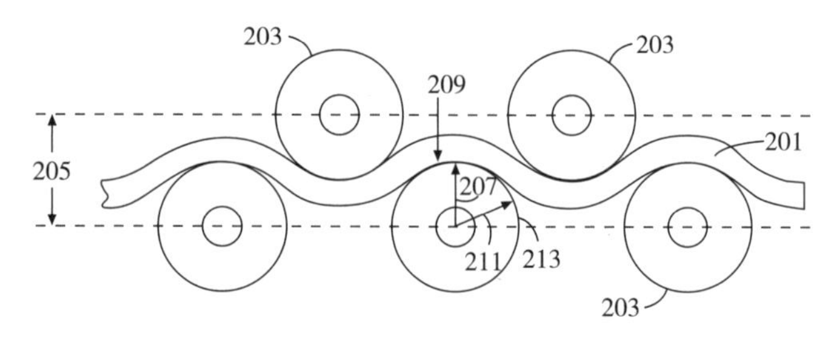

图 2–1–24 21700 电芯排列

小模组尺寸为 1 860 mm × 323 mm，面积约为 0.6 m^2，电芯面积约为 0.366 m^2，电芯占模组的面积比约为 61%。大模组尺寸为 1 948 mm × 323 mm，面积约为 0.629 m^2，电芯面积约为 0.398 m^2，电芯占模组的面积比约为 63%。平均占比 62%。

按松下最新的规格 21700 电池容量为 82 kW·h。4680 电池容量为 960 × 27.5 × 3.6= 95 kW·h，也就是说容量增加 15%。

新的 4680 无模组方案，电芯占面积减少 5%，容量增加 15%。如果不减少面积，就按照 21700 的面积把电芯布满，那么 4680 电芯数量约为容量为约为 100 kW·h，容量提升 22%。

4680 在增大尺寸的同时，也给三元锂电芯的热管理带来了新的挑战。虽然电芯数量的减少大幅简化了电池管理系统，但是每个电芯在充放电的时候都要承受更大的电流，发热也会更多。

特斯拉的“无级耳”专利技术会在一定程度上减少发热。但是电芯内部短路导致的发热特斯拉也解决不了，只能通过优秀的电池管理系统预警。这方面只能看新电池上市后的表现了。

（三）钠离子电池

钠离子本身跟锂离子电池差不多在 20 世纪 80 年代同时起步，随后由于锂离子电池的性能更为优异，钠离子电池的研究一度停滞，在 20 世纪 90 年代被锂离子电池的研究超越。2010 年后，随着动力电池领域的需求越来越大，锂离子电池的材料供不应求，室温钠离子电池的研究重新兴起。

钠离子电池其实一直都在默默发展。2015 ~ 2020 年是新能源汽车动力电池的天下，由于国家补贴的干预，电池更加注重的是能量密度和续航里程。随着新能源汽车国家退补和储能市场火爆，钠离子电池开始受到人们关注。原因是 2021 年电池级碳酸锂价格的疯涨，一度逼近 60 万元 / 吨，宁德时代发布第一代钠离子电池技术使得钠离子迅速发展。

根据应用场景不同，钠离子电池主要可分为动力和储能两种。相比成熟的锂离子电池商业化水平，钠离子电池的商业化仅仅处于起步阶段，仅有少数企业的钠离子电池进行了初步的商业化，完整成熟的产业链也未形成。

1. 发展背景

在强大的政策扶持、技术变革的推动和成本下降趋势下，下一代技术变革也最为迅猛。而技术驱动，是新能源这个高速迭代行业最大的标签。当前所有关于新能源下一代方向的目光，都聚焦于钠离子电池。

钠离子电池是一种比标准锂离子电池更丰富、更便宜的替代品，即将实现商业化。尽管世界上有足够的锂来支持全球电气化目标，但需求和供应链的收紧表明迫切需要替代品。钠离子电池的成本预计约为 40 ~ 80 美元 /（千瓦・时），而锂离子电池的平均成本为 120 美元 /（千瓦・时）。钠离子电池更安全，并且具有更短的充电时间和更长的循环寿命。它们的能量密度较低，使得它们体积更大、更重。但 160 W・h/kg 对于城市范围的电动汽车来说仍然足够好，中国制造商已经推出了续航里程为 250 km 的钠离子电池紧凑型电动汽车。预计产能将从 2023 年的 42 GW・h 增长到 2030 年的 186 GW・h，足以为每年生产的 460 万辆电动汽车提供动力。对于固定电网和家庭存储来说，尺寸不是问题。

据预测，2025 年钠离子电池出货量将超过 50 GW・h，到 2030 年将超过 1 000 GW・h，82.6% 的年复合增长率相当惊人。在如今的经济环境下，其他行业都在亦步亦趋，钠离子电却像坐上一辆跑车在前进。从目前发展分析，钠离子电池将复制锂电池的高速发展路径，成为未来 10 年内成长性最好的电池产品。

国际可再生能源机构（IRENA）的“1.5℃情景”认为，需要电池储能为电力系统提供显著的灵活性，到 2030 年达到近 360 GW・h，到 2050 年达到 4 100 GW・h。但是，除了电力行业之外，电池储能将在新能源汽车、国家电网、家庭式储能等相关行业的脱碳中发挥关键作用，如作为电动汽车的关键组成部分，到 2050 年电动汽车有望占道路运输的 90%。

【微信扫码】
为什么要发展钠离子电池

2. 钠离子电池与锂离子电池的比较

1）钠离子电池与锂离子电池的区别

锂离子电池由于其高能量密度和多功能性一直处于现代能源存储解决方案的最前沿。然而，对锂离子电池不断增长的需求引发了对可持续性、资源可用性、地缘政治考虑的担忧，以及潜在的供应链瓶颈。需要明确的是，世界拥有足够的材料来维持能源转型，其中包括锂。然而，主要的担忧来自电池供应链难以跟上电动汽车需求不断增长的步伐，以及碳酸锂价格的飙升。这些担忧表明需要探索替代方案来可持续地优化急需的存储解决方案。创新可能再次成为加速转型的催化剂，包括一系列用于电池存储技术的新兴化学物质。

2022 年我国电化学储能装机量为 3269.20 MW，同比增长 91.23%。可以说储能发展态势非常迅猛，各地发布的储能规划目标已超过国家“十四五”规划目标。但储能项目分布越来越广、规模越来越大，储能电站的安全风险也随之增大。在锂电的先发优势下，安全性相对较好的磷酸铁锂曾被认为储能的最好方案，但进入交付阶段后，安全性依然处于考验存疑阶段。

就在 2021 年的 4 月，北京某磷酸铁锂储能电站发生火灾事故。在救援过程中，电站突发爆炸，造成 2 名消防员牺牲，1 名消防员受伤，电站内 1 名员工失联。随着这样血的教训后，国家标准《电化学储能电站安全规程》加速出炉，并在 2023 年 7 月 1 日的正式实施。安全，成为储能发展的最不能动摇的底线。

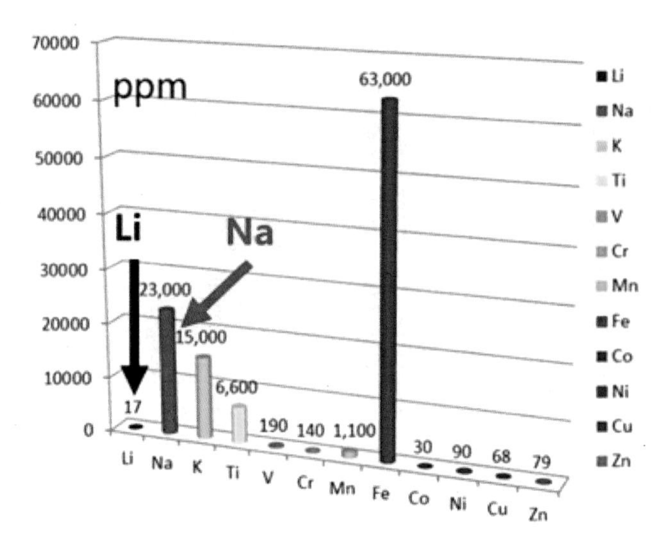

图 2-1-25　锂、钠元素在地壳中占比

钠离子电池的设计和结构与锂离子电池相似，但依赖于钠化合物而不是锂。钠的储量比锂丰富约 1000 倍，这意味着该技术有可能缓解影响锂基同类产品的短期供应问题，并通过扩大可行的电池化学产品组合并缓解由此带来的成本波动。钠离子电池的制造主要依靠纯碱作为钠前体，这种化合物比锂储量丰富，提取和精炼也更可持续，因此成本更低，并且不易受到资源可用性问题和价格波动的影响。仅美国就已探明纯碱资源量约 470 亿吨，纯碱储量超过 230 亿吨。纯碱也可以通过索尔维工艺从盐和石灰石中合成生产，从而开启了在全球范围内生产纯碱的可能性。在安全性方面，钠离子电池比锂离子电池具有更宽的工作温度范围和更稳定的阳极电解质混合物，并且可以在完全放电的情况下安全运输。在性能方面，钠离子电池即使在冰冻温度下也具有优异的容量保持率，充电时间快（15 分钟内达到 80%SOC），并且比锂电池具有更长的循环寿命（4000 ~ 5000 次循环后容量保持率为 80%）。

（1）钠、锂资源分布不均导致钠离子电池制造成本低

锂属于稀有金属，锂矿主要集中分布在南美等国家，我国拥有锂矿资源少，且品质低、开采难。而钠分布较均匀，而且可以从海水中提取钠盐，制造成本低。

（2）钠离子电池安全性高于锂电池

钠离子电池内阻高于锂电池，所以在短路发生后电池瞬间产生的热量少，温度升高较低。另外，钠盐具有更高的静电能，因此钠离子电池具有更高的稳定性和安全性。

（3）钠离子电池充电速度快，且耐低温

钠离子电池充电 10 多分钟，就可达到 80% 电量。钠离子电池在 –10 ~ –20 ℃的低温环境中，也能够拥有超高的放电保持率。

（4）钠离子电池能量密度低于锂离子电池

钠的相对原子质量（22.9）大于锂的相对原子质量（6），导致钠离子电池的能量密度要明显低于锂离子电池。据了解，钠电池的单体能量密度为 100 ~ 160 W·h/kg，这比锂离子电池相关行业规范里的下限（180 W·h/kg）还要小，这就表明相同续航的两款电池，钠离子电池要比锂离子电池更重。

2）钠离子电池优势

钠离子电池最大的优势是便宜与稳定。钠元素丰度在地壳排行中位于第 6 位，丰度是锂元素的 1000 多倍，原材料电池级碳酸钠基本维持在 5000 元 / 吨左右，而碳酸锂最高能到 60 万元 / 吨，平时价格也在十几万元 / 吨。钠元素来源广泛，碳酸钠制备工艺采用侯氏制碱法，采用的 NaCl 更是取之不尽用之不竭。而锂元素分布不均，超过 70% 的资源在南美智利、阿根廷、玻利维亚等国，如图 2–1–26 所示我国 80% 的锂资源需要依靠进口，对我国的能源安全构成一定的威胁且锂矿价格波动较大。

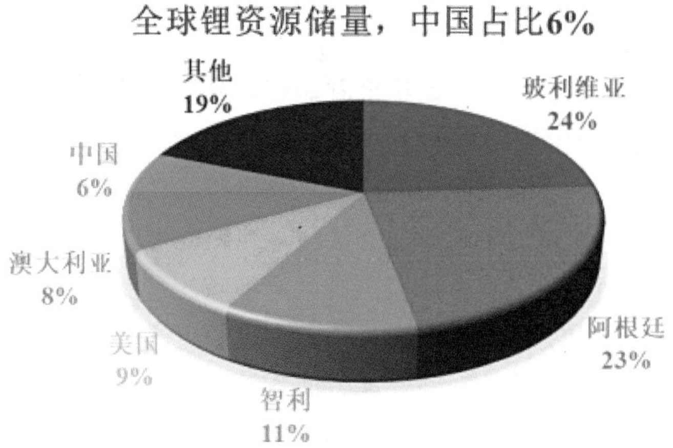

图 2-1-26　全球锂资源储锂占比

钠离子电池应用优势如下。

（1）资源储量优势

我国锂资源严重依赖进口。根据美国地质调查局数据，2021 年全球锂金属资源量约为 8 900 万吨，锂金属储量约为 2 200 万吨，其中智利、澳大利亚、阿根廷储量合计占比 78%；而钠资源在地壳元素含量中为 2.75%，数百倍于锂资源，不仅总量丰富，而且全球分布都较分散，在矿石、盐湖、海水中均有广泛的分布，我国发展钠离子电池有利于保障供应链安全，避免原材料“卡脖子”风险。

（2）工艺路线切换便利

在制造工艺方面，钠离子电池可以实现与锂电池生产设备、工艺兼容，产线可进行快速切换，完成产能快速布局，因此锂电池、动力电池主流厂商均可布局延伸发展。

（3）规模量产后的成本优势

根据中科海钠公司测算，当超过 100 GW · h 的大规模生产实现后，每生产 1 GW · h 钠离子电池的直接材料成本比磷酸铁锂电池低 30% ~ 40%。

（4）性能优势

钠离子电池相较锂电池拥有更快的充电速度，更宽的工作温度范围，循环寿命和热稳定性则与磷酸铁锂电池相当。比如，钠离子电池比锂电池更适用于高寒地区高功率应用场景，对于温差大的高纬度国家，钠离子电池将是储能的重要选择。

3. 钠离子电池结构与原理

钠离子电池是摇椅式二次电池，使用钠离子作为电荷载体的可充电电池，通过钠离子在正负极间插入和分离来实现电池的充放电。钠离子电池的工作原理本质上和锂电池一样，只是电荷载体不同。

如图 2-1-27 所示，钠离子电池结构跟锂离子电池一样，均由正极、负极、隔膜、电解液四大部分组成。两者除了电解液不同外，在负极上也有差异：锂离子电池负极为铜箔集流体、钠离子电池为铝箔集流体。

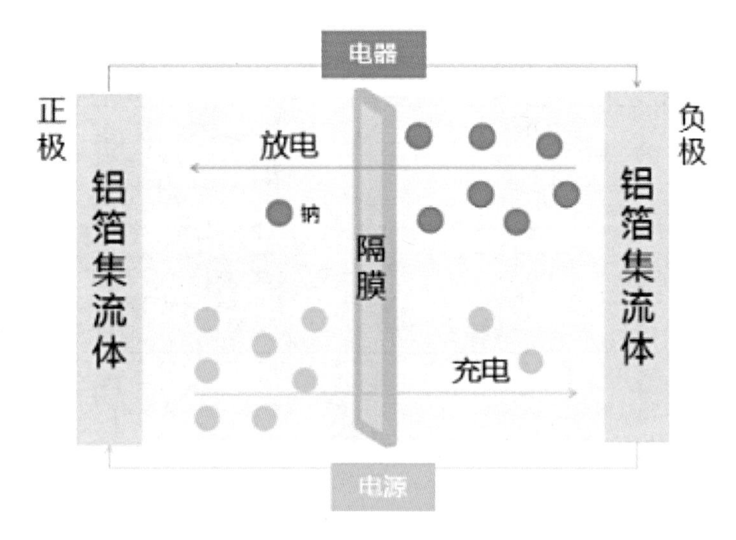

图 2-1-27　钠离子电池组成及充放电过程示意图

放电过程：钠离子从正极材料脱出，穿过隔膜，到达负极。

充电过程：钠离子从负极材料脱出，穿过隔膜，到达正极。

4. 钠离子电池电极材料

1）正极

目前，钠离子电池正极材料存在三大技术路线，分别是层状氧化物、普鲁士类和聚阴离子化合物，三大技术路线各有优劣，但总体而言，目前被广泛研究的并有可能最先大量生产的材料是层状氧化物，其与三元材料具有相似的材料制备工艺，产业化进展较快。而普鲁士类存在结晶水以及环保问题，聚阴离子化合物具有较低的能量密度和较差的导电性，但结构稳定性更好，未来有望在储能领域大规模使用。

【微信扫码】
钠离子电池技术路线

表 2-1-6　钠离子电池不同正极材料对比

项目	层状氧化物	普鲁士化合物	聚阴离子化合物
优势	能量密度高，压实密度高	成本低，倍率性能高	循环寿命突出，电压高，结构稳定
劣势	循环寿命中等，稳定性略差	实际能量密度低，循环寿命差	能量密度低，倍率性能差
晶体结构	层状，类似于三元正极材料	立方结构	橄榄石结构，类似于磷酸铁锂

（续表）

项目	层状氧化物	普鲁士化合物	聚阴离子化合物
比容量（mA·h/g）	100 ~ 145	70 ~ 160	100 ~ 110
循环寿命（次）	2000 ~ 3000	1000 ~ 2000	4000 以上
工作电压（V）	2.8 ~ 3.3	3.1 ~ 3.4	3.1 ~ 3.7
压实密度（g/m^3）	3.0 ~ 3.4	1.3 ~ 1.6	1.8 ~ 2.4
热稳定性	一般	好	好

（1）层状氧化物

当氧化物中钠元素含量较高时（≥ 0.5），一般以层状结构为主，当钠元素含量较低时（< 0.5），通常以隧道结构为主。层状氧化物结构通式为 Na_xMO_2（M 为过渡金属，如 Ni、Co、Mn、Fe、Cu 等），通常依据 Na^+ 的配位环境和（MO_2）$_n$ 层的堆垛形式，又分为 O3 相、P2 相、P3 相，O 表示 Na^+ 处于八面体的配位环境，P 表示 Na^+ 处于三棱柱的配位环境，数字表示在不同氧化层中 O 原子的堆垛形式出现的次数，当钠元素含量为 0.7~1.0 时，容易形成 O3 相，氧化层的堆垛形式为 ABCABC，Na^+ 处于八面体中心，当钠元素含量降为 0.7 时，容易形成 P2 相，氧化层的堆垛形式为 ABBA，所有 Na^+ 共用全部的边或面，当钠元素含量降为 0.5 时，容易形成 P3 相，氧化层的堆垛形式为 ABBCCA。

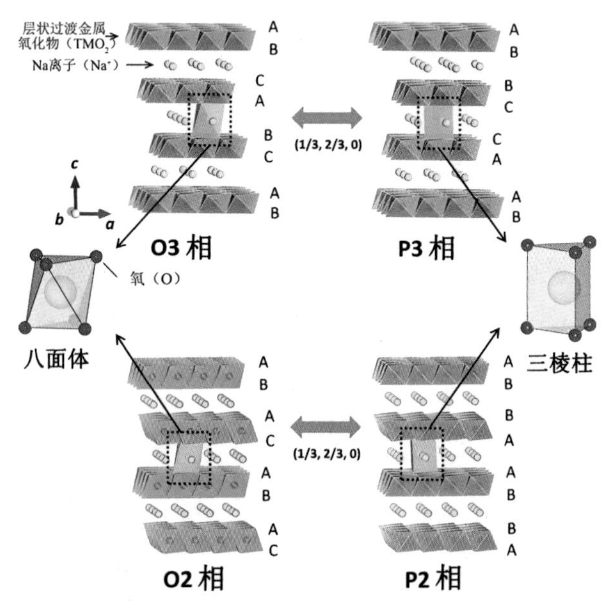

图 2-1-28　层状氧化物不同结构示意图

目前，层状氧化物生产工艺与锂电三元材料类似，制备方法简单，容量和电压均较高，但大多数材料仍然存在吸水问题，与水接触后容易发生 Na^+/H^+ 的离子交换，对制程中水分管控要求较高，此外，复杂的相变过程也导致结构不稳定，循环性能相对较差，层状氧化物代表性产品有 Cu-Fe-Mn（中科海钠产品为代表）和 Ni-Fe-Mn（振华、钠创产品为代表），正极材料无 Ni 化后成本可以进一步降低。

层状氧化物制备方法主要包括固相法和液相法，其中固相法采用金属氧化物和钠源进行球磨混合后高温煅烧，方法最简单，但需要较高的温度，产品均一性较差。而液相法是先将金属盐与碱溶液进行共沉淀反应，生成前驱体后再混合钠源进行高温煅烧，流程相对更加复杂，但产品均一性更好，振实密度高。

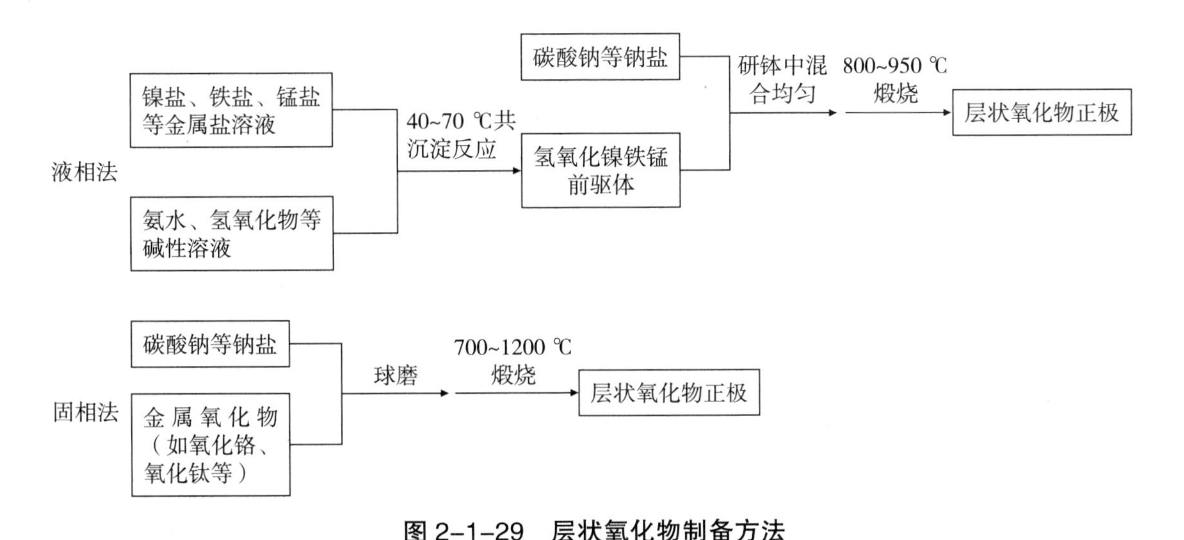

图 2-1-29　层状氧化物制备方法

另一种钠元素含量较低的隧道型氧化物具有不规则的多面体结构和特殊的“S”形通道，晶体结构比层状结构更稳定，并且对水、氧不敏感，但钠元素含量过低导致初始容量较低，限制了其实际应用。

目前，氧化物正极材料的研究主要集中在层状结构 O3 和 P2 相，相比之下，P2 相的综合性能优于 O3 相，主要是由于 Na^+ 在 P2 相中占据的三棱柱配位空间大于 O3 相的八面体配位空间，更有利于 Na^+ 的嵌入脱出，但在电化学反应过程中，层状结构始终存在结构稳定性较差的问题，最终导致其循环性能和安全性能相对较差。层状氧化物的改性方法主要包括：多元素协同掺杂改性抑制相变、晶体结构调控技术、表面修饰获得低 pH 值和低游离钠的正极材料来提高材料在空气中的稳定性、材料尺寸和形貌调控技术等。

表 2-1-7　不同类型氧化物正极材料性能对比

结构	物质	电压（V）	电化学性能
层状氧化物	$Na_{0.71}CoO_2$	2.8	5 mA/g 电流下容量为 120 mA·h/g
	P2-$Na_{0.7}MnO_2$	2.8	40 mA/g 电流下容量为 163 mA·h/g，循环 50 次容量保持率为 67%
	$NaFeO_2$	3.3	12.1 mA/g 电流下容量为 100 mA·h/g，循环 30 次容量保持率为 50%
	$NaCrO_2$	2.9	5 mA/g 电流下 40 次循环后容量仍有 110 mA·h/g
层状氧化物	$NaNiO_2$	3.0	0.1 C 条件下容量为 123 mA·h/g，循环 20 次容量保持率为 94.3%

（续表）

结构	物质	电压（V）	电化学性能
层状氧化物	O3-Na［$Ni_{0.25}Fe_{0.5}Mn_{0.25}$］$O_2$	3.1	0.1 C 条件下容量为 140 mA·h/g，循环 50 次容量保持率为 50%
	P2-$Na_{2/3}$［$Fe_{1/2}Mn_{1/2}$］O_2	2.75	0.1 C 条件下容量为 128 mA·h/g
隧道型氧化物	$Na_{0.44}MnO_2$ 颗粒	2.8	1 C 条件下容量为 94 mA·h/g
	$Na_{0.44}MnO_2$ 纳米线	2.8	2 C 条件下容量为 82 mA·h/g

（2）普鲁士类化合物

普鲁士类材料属于配位化合物，具有立方、单斜、菱形多种结构，开放型的骨架结构以及丰富的储钠位点，使其具有较高的理论比容量（170 mA·h/g）和较好的离子传输性能。其化学通式可表示为 Na_xM_1［M_2（CN）$_6$］（$0 < x < 6$），其中 M_1 为 Ni、Fe、Mn 等元素，M_2 为 Fe 或 Mn，当钠元素含量较低时（$x < 1.0$）称为普鲁士蓝，当钠元素含量较高时（$x \geqslant 1.0$）称为普鲁士白，由于存在 Mn^{3+}/Mn^{2+} 和 Fe^{3+}/Fe^{2+} 两对氧化还原电对，可以发生双电子反应，因而具有较高容量，此外，这类材料使用廉价的 Fe、Mn 等元素，合成工艺简单，成本低廉。

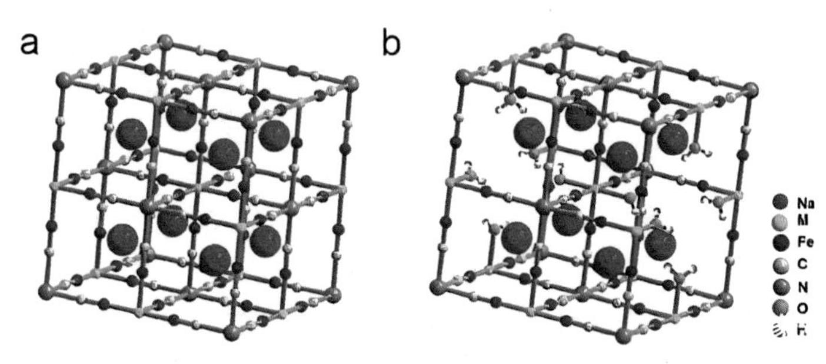

图 2-1-30 普鲁士类化合物的晶体结构图

制备方法上看，普鲁士类材料可以采用热分解法、水热法和共沉淀法合成，其中，热分解法和水热法生产效率和产率均较低，且合成过程容易造成亚铁氰根分解，产生毒气，目前这类材料最常用的生产方法是共沉淀法。共沉淀法工艺简单、无需高温烧结、成本低廉，主要通过亚铁氰化钠、过渡金属盐、络合剂等进行共沉淀反应，络合剂的加入可以降低亚铁氰化钠和过渡金属盐的反应速率，从而减少空位和结晶水。

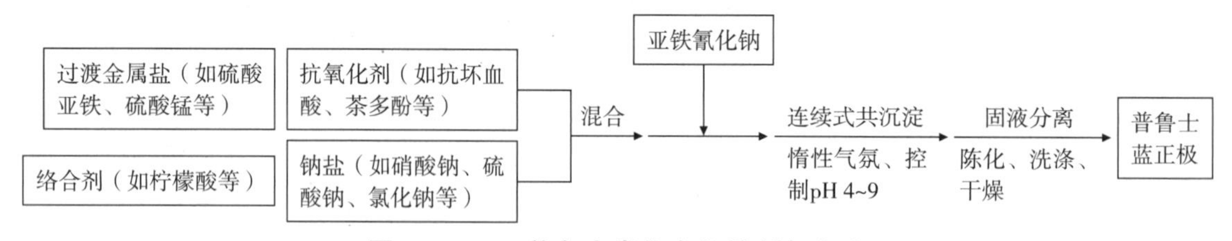

图 2-1-31 普鲁士类化合物的制备方法

然而实际上，制备普鲁士类材料时通常容易产生大量的 Fe（CN）$_6$ 空位和结晶水，空位缺陷会阻碍 Na^+ 进入晶格，使之变为贫钠立方相结构，结晶水容易占据储钠活性位点，从而大大降低材料的储钠能力，结晶水进入电解液后还会导致电池内部短路等异常，因此这类材料实际比容量和循环性能表现相对较差。更严重的是，其在热失控时还会释放氢氰酸、氰气等有毒气体，不利于环保要求。

表 2–1–8 普鲁士类正极材料性能对比

物质	稳定电压（V）	比容量（mA·h/g）	首次效率（%）
$Na_2Zn_2[Fe(CN)_6]\cdot xH_2O$	3.50	56.4	86.77
$Na_2MnMn(CN)_6$	1.80/2.65/3.55	209	99.50
$Na_2Mn[Fe(CN)_6]\cdot zH_2O$	3.44	150	94.34
$Na_{1.92}FeFe(CN)_6$	3.11/3.00	160	94.12
$Na_{0.66}Ti[Fe(CN)_6]_{0.92}$	2.70/3.30	92.3	95.00
$Na_2CoFe(CN)_6$	3.20/3.80	158	98.00
$Na_{0.84}Ni[Fe(CN)_6]_{0.71}$	3.20	66	94.00

关于普鲁士类材料的结晶水问题，目前并没有很好的办法控制。但优化的方法可以是在材料层级、极片层级和电芯层级进行严格的水分控制和高温烘烤，可以有效去除一部分结晶水。材料方面可以通过表面包覆、元素掺杂及改进制备工艺（如减缓共沉淀速率、惰性气体加热等）来降低结晶水和空位缺陷。值得一提的是，2021 年宁德时代发布的第一代钠离子电池正是采用的普鲁士类作为正极材料。

（3）聚阴离子

聚阴离子化合物一般由阳离子和阴离子基团组成，阴离子基团主要有 MO_x 多面体（M 为 V、Mn、Fe、Cr、Ti 等），$(XO_4)_m^{n-}$ 或 $(X_mO_{3m+1})^{n-}$（X 为 P、S、Si、As 等），其中 MO_x 多面体与 $(XO_4)_m^{n-}$ 或 $(X_mO_{3m+1})^{n-}$ 通过共角或共边的方式构成三维结构。阴离子基团具有强共价键，并且结构稳定，这类材料通常具有很好的热稳定性和循环性能，但其比容量低、压实密度低、电子电导率低使其整体能量密度偏低，未来主要适用于大规模储能领域。根据聚阴离子种类的不同，可划分为正磷酸盐、焦磷酸盐、硫酸盐、混合聚阴离子、氟磷酸盐 / 硫酸盐、硅酸盐和钼酸盐等，目前主流的聚阴离子为磷酸盐、焦磷酸盐和硫酸盐。

表 2–1–9 常见聚阴离子化合物性能对比

正极材料	工作电压（V）	理论克容量（mA·h/g）	理论能量密度（W·h/kg）	电化学性能（mA·h/g）
$Na_2Fe(SO_4)_2$	3.75	91	341	85（0.05 C） 58（1 C）
$NaFePO_4$	2.7	154	416	125（0.05 C） 85（0.5 C）
Na_2FePO_4F	3.0	124	372	123.1（0.2 C） 76.1（10 C）

（续表）

正极材料	工作电压（V）	理论克容量（mA·h/g）	理论能量密度（W·h/kg）	电化学性能（mA·h/g）
$Na_3V_2(PO_4)_3$	3.4	118	401	97.9（0.5 C） 62.1（10 C）
$Na_3V_2(PO_4)_2F_3$	3.9	128	500	125.5（0.1 C） 105.9（50 C）
$Na_3V_2(PO_4)_2O_2F$	3.8	130	494	81.8（1 C） 46.2（20 C）

其中，磷酸盐体系中具有代表性的两种材料是 $NaFePO_4$ 和具有 NASION 结构的 $Na_3V_2(PO_4)_3$，对前者而言，橄榄石相只能在 480 ℃下稳定存在，更高温度下会转变为不具电化学活性的磷酸铁钠矿物型，目前橄榄石型 $NaFePO_4$ 和制备方法是通过低温离子交换法将 $LiFePO_4$ 脱锂后经电化学钠化合成。而 $Na_3V_2(PO_4)_3$ 晶体结构稳定，倍率和循环性能优异，但比容量更低，且 V 元素价格昂贵且有毒性，降钒或无钒材料的开发是未来的发展方向。

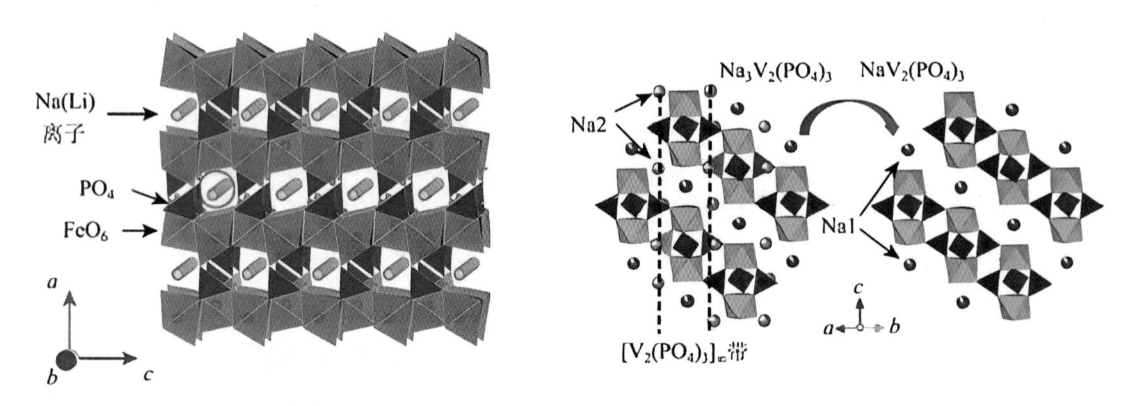

图 2–1–32　橄榄石结构和 NASION 结构对比

如图 2–1–32 所示，焦磷酸盐化学式为 $Na_2MP_2O_7$（M 为 Fe、Co、Mn、Cu 等），其晶体结构包括单斜、三斜、四方和正交几种，但这类材料的比容量和动力学性能普遍存在明显短板。硫酸盐类材料大部分来源于矿物，化学通式为 $Na_2M(SO_4)_2 \cdot 2H_2O$，这类材料电压较高，但 $(SO_4)^{2-}$ 基团热稳定性较差，400 ℃下分解产生 SO_2，此外，该类材料易受环境中水分影响，劣化循环性能，且理论容量也较低。

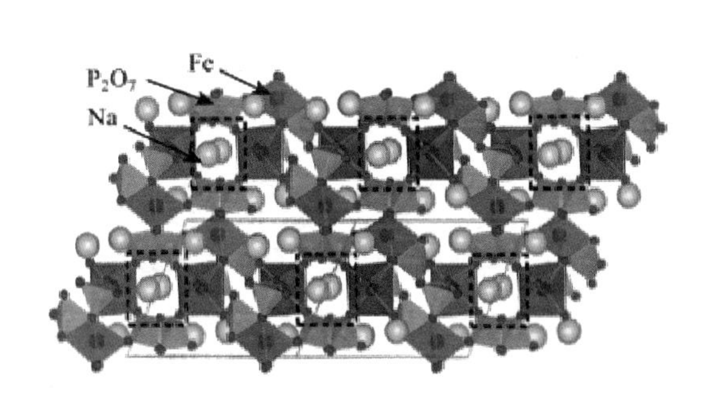

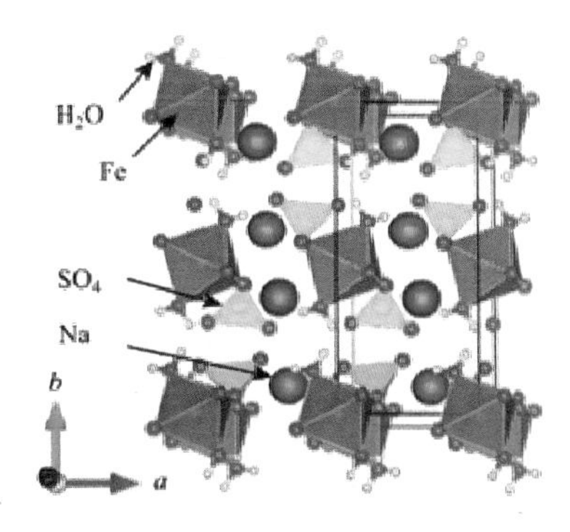

图 2–1–33 焦磷酸盐和硫酸盐结构对比

聚阴离子化合物导电性较差，限制了比容量和倍率性能发挥，其制备过程中常加入碳材料包覆构筑优良的导电网络，增强导电性，改善材料界面特性，并且可以限制晶体的长大，从而增加材料比表面积，减小 Na^+ 扩散距离，提升动力学性能。

综上所述，聚阴离子化合物在 Na^+ 脱嵌过程中具有最小的结构重排，因而该类材料具有循环寿命长、热稳定性好、安全性能优异的特性，未来有望在储能领域大规模应用。

2）负极

钠离子电池负极材料应当尽量满足工作电压低、比容量高、结构稳定（体积形变小）、首周库仑效率高、压实密度高、电子和离子电导率高、空气稳定、成本低廉和安全无毒等特点。目前钠离子电池负极材料主要包括碳基、钛基、有机类和合金类负极材料等。目前常见的碳基材料包括石墨、石墨烯、硬碳、软碳等。

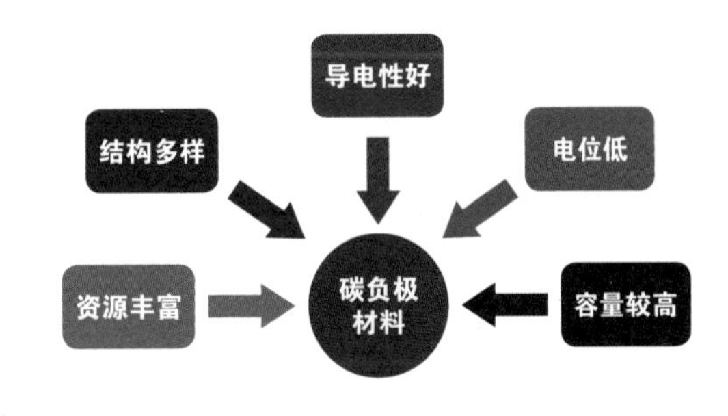

图 2–1–34 碳负极材料要求

（1）负极材料分类

表 2–1–10 四种钠电池负极材料特点对比

负极材料	特点
碳基材料	材料来源广泛，比容量高，工作电位低，可逆容量，循环性能优良
合金类	脱嵌钠过程中体积变化巨大会导致活性物质粉化，致使容量迅速衰减，循环性能和倍率性能不佳
金属氧化物	金属氧化物有稳定的无机骨架结构，所以有超长循环寿命；但相对分子质量较高，所以比容量偏低
有机化合物	成本低且结构多样；但首效低、低电子电导、循环中出现极化问题、有机分子易在电解液中溶解

钠电池负极材料起着负载钠离子的重要作用，是钠电池的核心构成材料，直接影

响到电池的能量密度、循环性能、首次库仑效率等性能。理想的钠离子电池负极材料要求具有较高的离子和电子导电率，在电解液中没有任何溶解或反应倾向；具备良好的循环稳定性，体积变化率小；与金属钠一样具有较高的工作电位，且电位不能随着钠离子的嵌入脱出而有较大波动；密度低且孔隙多，单位质量内能容纳较多的钠离子；成本低，来源广，易获取及储存，环保且具有经济效益。目前钠离子电池负极材料的研究主要集中在碳基（无定形碳）材料、合金类材料、金属氧化物及有机化合物等。无定形碳具有材料来源广泛、较高的储钠容量、良好的循环性能等优点，是目前最具有商业化应用前景的钠电池负极材料。合金类负极材料具有理论容量较高，导电性良好的特点，然而此类材料反应动力学较差，且反应时体积膨胀严重，所以目前实际应用存在较大困难。金属氧化物材料具有成本低、理论容量较高等优点，但导电性较差，充放电过程中也存在体积变化巨大等问题，从而导致倍率性能和循环稳定性较差，一般需要通过碳包覆、纳米化等手段进行改性。虽然有机化合物材料成本低且结构多样，但首效低、电子电导低、循环中出现极化问题、有机分子易在电解液中溶解。因此非碳类材料预计在较长时间内都难以实现产业化。

（2）无定型碳

表 2-1-11　硬碳、软碳、石墨负极性能参数对比

材料	石墨	硬碳	软碳
原料	天然石墨 / 沥青 / 石油焦	树脂 / 沥青 / 生物质	沥青 / 煤基
碳化温度（℃）	2500 ~ 3000	<1500	1000 ~ 1500
晶体结构（lc，nm）	>80	1.1 ~ 1.2	2 ~ 20
层间距离（nm）	≈0.335	0.37 ~ 0.42	0.34 ~ 0.37
真实密度（g/cm^3）	≈2.2	1.4 ~ 1.8	≈2.2
压实密度（g/cm^3）	1.5 ~ 1.8	0.9 ~ 1.0	≈1.2
质量比容量（mA·h/g）	35	530	222
体积比容量（mA·h/g）	58	477	364
低温性能（℃）	-15	-50	-20
快充性能	3 C	> 10 C	10 C
安全性能	较高	高	高
首次库伦效率	高	较高	高

无定形碳包括硬碳与软碳，硬碳是在1500 ℃以下高温处理后不能石墨化的碳，软碳是经高温处理后可以石墨化的碳。硬碳的内部晶体排布杂乱无序，孔隙更多，且石墨片层间、封闭微孔、表面和缺陷位点都能储钠，所以容量较高，成为了目前钠电池负极材料的首选。软碳虽然成本较硬碳低，但是由于具有石墨化结构，所以储钠量较低。软碳虽然可以通过造孔工艺增大容量，但是会增加成本，反而不如硬碳经济。而

相较于锂离子电池主流运用的负极材料石墨负极材料，钠离子原子半径较锂离子大至少 35% 以上，钠离子较难在材料中嵌入脱出，对负极材料的结构稳定性提出了更高的要求，所以石墨负极材料的孔径与层间距都无法满足钠离子电池负极的要求。

虽然硬碳相比其他常见负极材料具有来源广泛、性能优异、易于实现商业化应用等优势，但仍面临着以下问题：①首次库仑效率低：硬碳具有大的比表面积和大量缺陷，从而造成低的首次库仑效率。而首次库仑效率低反映了电池在首次充放电过程中发生了大量的不可逆反应，包括再循环过程中电解液分解形成电解质界面膜对部分钠离子的消耗等。目前，减小硬碳负极材料的比表面积、减少缺陷及闭合部分孔隙是提高首次库仑效率的关键所在。②倍率性能差：倍率性能反映出负极材料内部动力学性能，其中包括电子的导电性和离子的扩散速率。普遍认为，相对于钠离子在硬碳材料层间的脱嵌，在材料表面缺陷的吸 / 脱附相对来说更容易。同时，增大层间距亦有利于钠离子的脱嵌。

韩国海事海洋大学的研究人员着手寻找适用于钠离子电池的非石墨负极材料。主要研究人员 Jun Kang 博士表示："由于钠离子电池性能较低，仅为锂离子电池容量的 1/10，寻找一种既具有石墨低成本和稳定性的高效负极至关重要。"韩国海事海洋大学的团队已经开发出一种允许钠离子迅速从电解质的块区移动到活性材料界面的负极。他们开发的负极采用了分级多孔结构，可以使钠离子迅速从电解质的体积区移动到活性材料的界面。该结构具有大的比表面积，钠离子可以迁移到界面，这在活性材料中可以轻松访问，并利用了表面缺陷和孔隙结构，使得从表面到内部的共插入成为可能。这减少了扩散路径，并增加了活性位点的数量，从而提高了性能。Jun Kang 博士表示："这些因素带来了良好的容量保持、可逆容量、超高的循环稳定性、高初始库仑效率（80%）以及卓越的速率性能。这意味着即使在强烈的电池使用情况下，它们也可以长时间使用。"这种方法在电流为 100 A/g 时提供了 101 mA·h/g 的能量密度，具有非常高的循环稳定性，可达 11 000 个循环。

如图 2-1-35 所示，其他研究人员已经开发了一种用于钠离子电池中碳微网格负极的 3D 打印工艺。电池单元通常是由多层材料构建的，通常以浆料的形式堆叠并干燥，或者以金属箔的形式。这些层堆叠在一个袋状或棱柱形电池中，或者卷成圆柱形电池，所有这些形式都适用于电动出行设计中的钠电池。然而，对于碳负极的浆料方法意味着在电极中开发可以提高性能的结构的机会有限。

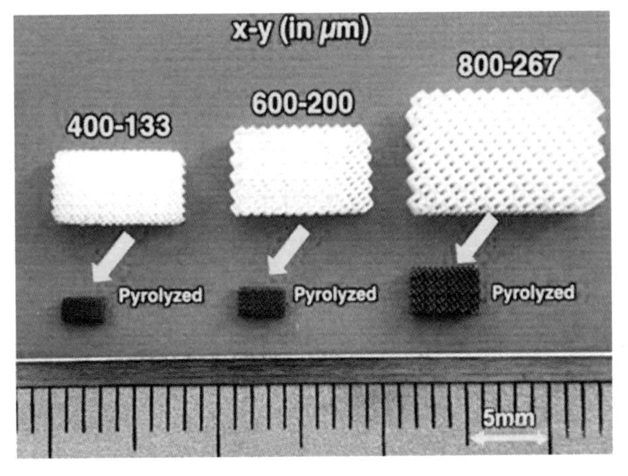

图 2-1-35　3D 打印微网格结构创建碳负极

日本的研究人员正在寻找通过增加用于制造单个电池的活性材料的装

载量来实现高性能、低成本电池的方法。这将减少用于将多个电池绑定在一起的非活性材料的使用，但需要制造更厚的电极，这将限制电池内的离子运动。这种方法涉及使用3D立体光刻技术打印由树脂制成的微网格结构。然后，通过一种称为热解的过程对微网格进行碳化，生成的硬碳阳极可以快速传输产生能量的离子，远高于常规的整体电极。避免使用黏合材料还可以跟踪硬碳的结构变化，以帮助理解离子渗透到硬碳中的机制。

（3）硬碳产业化进程

从产业化进程看，钠离子电池负极材料国内布局较少，行业壁垒相对更高。目前钠离子电池的正极材料主要为层状氧化物、聚阴离子化合物和普鲁士蓝类似物，层状氧化物工业化生产技术可以直接沿用锂离子电池的生产工艺，因此其产业化程度更高，传统锂电正极材料企业可以快速布局。负极材料主要以碳基材料（软碳 / 硬碳等）、合金类材料、过渡金属化合物和有机化合物为主，由于硬碳材料具备储钠比容量较高、储钠电压较低、循环性能较好等诸多优势，所以其产业化进展较快。目前日本可乐丽为硬碳的主要生产厂商，国内公司如宁德时代、中科海钠、璞泰来、翔丰华等公司研发布局硬碳材料，但是产业化进程相比正极材料较慢。硬碳单位成本更高，目前国内无定形碳材料的成本约为8 ~ 20万元 / 吨，相对正极材料而言，其盈利能力相对更好。其余原材料（如隔膜、铝箔、极耳、黏结剂、导电剂、溶剂及外壳组件等）可直接借用锂离子电池业已成熟的商业化产品，相对行业壁垒较低。

5. 钠离子电池产业链

近年来，在锂电原材料价格高起背景下，钠电池凭借成本及安全性能优势，被业内广为布局，发展进程颇为迅速。目前，搭载宁德时代钠离子电池的奇瑞QQ冰淇淋、采用孚能科技钠离子电池的江铃羿驰牌玉兔两款车型亮相工信部《道路机动车辆生产企业及产品公告》，迈出了钠电产业化的关键一步。2023年钠电产业化趋势清晰，产业链参与者增多，未来或将吸引更多锂电企业参与布局，有利于多方合作推进钠离子电池产业化进程。

与锂离子电池类似，钠离子电池产业链也主要包括上游的原材料、中游的电池材料（正极、负极、隔膜、电解液等）及电池以及下游的电芯及应用。与锂离子电池产业链的主要差异表现在上游正、负极材料以及中游电池厂的技术能力，电解液和隔膜则与锂离子电池产业链差异不大。从成本结构看，钠离子电池正极材料价值在钠电占比26%，负极16%，电解液26%，隔膜18%，集流体4%。

表 2-1-12　钠离子电池与锂离子电池产业环节技术路线对比

产业环节	钠离子电池	锂离子电池
正极	层状氧化物、普鲁士类化合物、聚阴离子化合物	高镍三元、磷酸铁锂、锰铁锂
负极	硬碳，制备要求高	以石墨 / 人造石墨为主

（续表）

产业环节	钠离子电池	锂离子电池
电解液	六氟磷酸钠，和锂离子电池电解液制备原理类似，量产难度低	六氟磷酸锂
隔膜	与锂离子电池体系变化不大	一般采用高强度薄膜化的聚烯烃多孔膜
添加剂	成膜添加剂为钠电核心壁垒，补钠对容量提升意义大	包括成膜 / 导电 / 阻燃 / 过充保护添加剂等
集流体	负极集流体选用铝箔，其他非活性物质沿用锂电，复合集流体可同时用于锂电和钠电	负极采用铜箔，正极采用铝箔

1）产业链上游——电池原材料

在原材料方面，钠离子电池和锂离子电池首先最明显的区别就是工作离子的不同。锂离子电池一般使用碳酸锂作为原材料，而目前钠离子电池用氯化钠作为原材料，其他原材料有作为电极正极材料的锰、铁、钴、铜、镍等，作为电极负极材料的碳、钛、磷等，以及作为集流体材料的铝。

表 2-1-13　钠离子电池上游资源部分厂商

材料	公司	主营业务	相关材料产能（万吨 / 年）
层状金属氧化物正极主要原料：二氧化锰	湘潭电化	电解二氧化锰、硫酸锰	12.2
	红星发展	钡盐、锶盐、锰盐	3
	南方锰业	电解二氧化锰、电解金属锰	12
	桂柳新材料	电解二氧化锰	5.5
	湘潭伟鑫	电解二氧化锰、活性二氧化锰、锰砂滤料	2.4
聚阴离子化合物正极主要原料：钒	攀钢钒钛	钒铁合金、钒氮合金、钒铝合金、氧化钒	4
	河钢股份	钒铁合金、钒铝合金、氧化钒、催化剂	2.5
	建龙集团	钒氮合金、氧化钒	1.5
普鲁士蓝正极主要原理：氰化钠	安庆曙光	氰化钠	8（固态） 20（液态）
	河北诚信	氰化钠	5（固态） 60（液态）
	重庆紫光	氰化钠	2.5（固态） 30（液态）
	鸿生化工	氰化钠	3（固态） 10（液态）

（续表）

材料	公司	主营业务	相关材料产能（万吨/年）
铝箔	鼎盛新材	空调箔、单零箔、双零箔、铝板带、电池箔	9.4（电池箔）
	万顺新材	纸包装材料、铝板带箔	4（电池箔）
	云铝股份	铝土矿开采、氯化铝、铝冶金、铝加工	建设中

2）产业链中游——电池材料

正极和负极材料影响着钠离子电池的能量密度、功率密度、循环寿命、安全性等关键性能指标，对电池性能至关重要。

（1）正极材料

钠离子电池正极材料三种技术路线各有优劣，预计维持多种路线并存的格局，并匹配不同场景下的需求。和锂离子电池正极技术路线基本确定不同，目前钠离子电池相关的正极材料超 100 种，技术路线尚处于演进中。

表 2-1-14　钠离子电池正极相关企业

企业类型	企业	可能技术路线（未定型）
传统企业	邦普循环（宁德时代控股）	层状氧化物、普鲁士类化合物、聚阴离子化合物
	振华新材	层状氧化物（镍铁锰）
	容百科技	锰铁普鲁士白、三款镍铁锰层状氧化物
	当升科技	层状氧化物（铁锰镍铜）
	厦钨新能	层状氧化物
	长远锂科	层状氧化物、普鲁士蓝
	万润新能	磷酸铁钠、普鲁士类化合物
传统企业	中伟股份	（前驱体）层状氧化物
	格林美	（前驱体）层状氧化物
	道氏技术	前驱体
	江苏翔鹰	层状氧化物
	丰元股份	待定
钠电企业配套	中科海钠	层状氧化物（铜铁锰）
	钠创新能源	层状氧化物、聚阴离子类化合物
	传艺科技	层状氧化物
	众钠新能源	硫酸铁钠
	珈钠能源	聚阴离子类化合物
	上海汉行	普鲁士类化合物
	同兴环保	层状氧化物

（续表）

企业类型	企业	可能技术路线（未定型）
专业型初创企业	Altris（瑞典）	普鲁士白
	喀什安德	聚阴离子类化合物
	湖北恩耐吉	磷酸钒钠
跨界企业	百合花	普鲁士蓝
	七彩化学	普鲁士蓝
	开元教育	层状氧化物（镍铁锰）

（2）负极材料

钠离子电池负极材料的研究方向有硬碳、软碳、钛基氧化物以及合金等，针对硬碳的研究最多，目前商业化的钠离子电池也以硬碳材料作为负极为主。不同于锂离子电池，钠离子电池负极一般不使用石墨，目前已经报道的钠离子电池负极材料主要包括碳基、钛基、有机类和合金类负极材料等，其中无定形碳材料（包括硬碳材料、软碳材料、复合无定形碳材料）最具有应用前景，现阶段负极厂商技术路线以硬碳为主、软碳为辅。其中，软碳储钠容量低，硬碳材料储钠位置和形式多样，理论容量可达 350 ~ 400 mA · h/g。硬碳材料在比容量、循环等方面具有明显优势，目前已经成为宁德时代等钠电池厂商的选择的负极技术路线之一，有望成为主流路线。

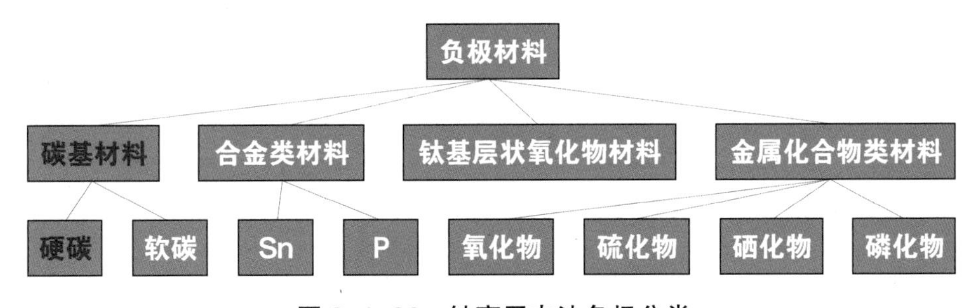

图 2-1-36　钠离子电池负极分类

表 2-1-15　钠离子电池负极材料主要企业

序号	代表企业
1	深圳贝特瑞
2	深圳翔丰华
3	杉杉股份
4	多氟多
5	中科电气
6	传艺科技
7	华阳股份
8	成都佰思格

（续表）

序号	代表企业
9	深圳珈钠能源
10	元力股份
11	济南圣泉集团
12	广东道氏技术
13	容钠新能源
14	福建鑫森炭业
15	山西煤化所
16	上海汉行科技

（3）电解液及电解质

钠离子电池和锂离子电池的电解液成分基本相似，锂电池的电解质材料主要为六氟磷酸锂，钠离子电池电解液的溶质主要为六氟磷酸钠。溶剂为链状碳酸酯和环状碳酸酯共用，一般采用EC、DMC、EMC、DEC和PC等溶剂组成二元或多元混合溶剂体系，此外再加上特定的功能性添加剂。主要厂商有多氟多、天赐材料、新宙邦、永太科技、传艺科技等，如表2-1-16所示。

表 2-1-16　钠离子电池电解液、电解质主要企业

序号	代表企业
1	多氟多
2	广州天赐材料
3	深圳新宙邦
4	传艺科技
5	永太科技
6	瑞泰新材
7	中欣氟材
8	丰山集团
9	延安必康
10	江苏国泰

（4）集流体

钠离子电池负极集流体选用铝箔，成本仅为铜箔的一半，布局的企业包括鼎盛新材、东阳光、万顺新材、南山铝业等。正极集流体则与锂电产业链相同。

3）产业链下游——电池环节

电芯的类型从结构上分类主要包括软包电池和圆柱形电池；从材料体系分类包括

固态钠离子电池、钠硫电池、室温钠离子电池、Zebra 电池等。其生产工艺也与锂离子电池高度重合，现有的锂离子电池组装生产线稍加修改后就可以用来生产钠离子电池，锂电基础完善的产业链为钠离子电池的产业化提供了良好基础。钠离子电池与锂离子电池生产工艺基本类似，传统锂离子电池产线可调试转产。钠离子电池整体上处于产业化前期，竞争格局尚未成熟。目前主要锂离子电池、动力电池厂商均在布局钠离子电池技术路线，同时也有大量新能源产业链的企业跨界布局，宁德时代计划于 2023 年实现钠离子电池量产和装机。中科海钠、华阳股份、鹏辉能源、多氟多、孚能科技、欣旺达、美联新材等已公开宣称最快将在 2023 年以后形成钠离子电池量产能力。目前已建及在建钠离子电池产线的企业如表 2–1–17 所示。

表 2–1–17 钠离子电池主要企业

类型	代表企业
已建及在建	中科海钠 + 华阳股份、传艺科技、中科海钠 + 三峡能源、东莞易事特集团、维科技术 + 钠创新能源、多氟多、蔚蓝锂芯、立方新能源、众钠能源、兴储世纪、恩耐吉新能源、东驰新能源、景创锂能、世科峰和 + 河南龙源新能源、方寸新能源、维科技术
规划	传艺科技、中科海钠 + 三峡能源、普利特、英能基新能源、雄韬股份、派能科技、为方能源、科翔股份、世科峰和 + 河南龙源新能源、雅迪集团、东莞易事特、海四达电源、盘古钠祥、众钠能源
新品发布及研发	宁德时代、比亚迪、鹏辉能源、蜂巢能源、欣旺达、孚能科技、中科海钠、汉行科技、华阳新材、湖南德赛电池、派能电池、大连物化所、湖南立方、海四达、嘉盛电池、海基新能源、盘古钠祥、星恒电源、昆宇能源、传艺钠电、中比新能源、拓邦股份、辽宁星空钠电、猛狮科技

从上述内容可看出，这项技术非常接近突破时刻。从已宣布的项目数量以及一些制造商部署钠离子电动汽车并最早在 2023 年实现钠离子电池商业化生产的雄心勃勃的计划来看，这一点尤其明显。其中包括宁德时代、奇瑞、比亚迪、JAC/HiNa、Faradion、Natron、PNNL 等公司的公告，也包括电网储能项目。

多家中国公司已经在开发钠离子电池，并且预计产能将从 2023 年的 42 GW · h 增长到 2030 年的 186 GW · h（IRENA）。这一容量足以为每年生产的 460 万辆电动汽车提供动力（假设每辆车的容量为 40 kW · h）。

6. 面临的问题

现在钠离子电池还没有大批量市场应用，总结起来主要有以下原因。

（1）目前钠离子电池还是存在技术工艺壁垒：钠离子电池目前为止主流正极材料为层状氧化物和聚阴离子化合物两种体系，负极为硬碳材料，但最终产品产气严重，良品率低，批次一致性差等因素客观存在，这些问题亟待解决。

（2）目前钠离子电池实际价格偏高：虽然钠离子电池理论和未来价格比锂离子电

池要低，但目前钠离子电池产业链尚不完善，导致目前实际材料成本和制造成本要偏高于锂离子电池。这里涉及一个“先有鸡还是先有蛋”的问题，是先市场大规模应用还是钠离子电池厂家大批量生产的问题，因为目前市场没有大批量认可应用，所以生产厂家只能小规模生产，价格就高，但价格高，市场又不能普遍认可接受。

（3）相关检测认证标准不完善：目前钠离子电池只有零零散散几个团体标准，最出名的是节能协会牵头的团标会，还没有行标和国标。没有相关检测标准导致在终端产品应用困难，甚至也影响空运海运等运输。

（4）配套系统不完善：钠离子电池作为新兴产品，相应电池管理系统、储能变流器等无法和锂离子电池完美匹配。如储能变流器要重新开发，从一级升级到二级等。

（5）市场迫切度不高：目前碳酸锂价格回落到 17 万元 / 吨，磷酸铁锂价格也降到了近 6 万元 / 吨。价格的降低让下游应用端松了一口气，压力变小，变得没有那么迫切。

电极材料仍然具有一些缺陷需要解决。正极大多数正极使用氧化物材料层，对空气敏感，这导致了锂离子电池的制造成本较高，限制了它们的发展。中国的研究人员已经回顾了对空气敏感性的最新认识和解决方案，并认为这种差的空气稳定性需要得到理解和解决。空气敏感性的机制复杂，涉及多种化学和物理反应。空气中的成分，如氧气、水和二氧化碳，根据材料的晶体结构，参与正极层状材料的反应。改善空气稳定性的不同策略包括引入表面涂层、清洗正极材料以及在过渡金属位点或钠位点进行元素替代。但研究人员发现目前缺乏有关有针对性地设计实用材料的指导性信息。电解质增强美国太平洋西北国家实验室（PNNL）的研究人员一直在努力改进钠离子电池以提高其寿命。钠离子电池存在两种趋势：一种是具有较长的循环寿命但电压较低和储能密度较低，适用于静态储能应用；另一种是具有较高的能量密度和电压，适用于电动出行应用，但这对电池寿命有影响。PNNL 的工作重点是采用新的电解质和溶剂，通过优化电极上形成的保护膜或固体电解质界面（SEI）层来提高钠电池的寿命。这个膜非常关键，因为它允许钠离子通过，同时保持电池寿命，但目前使用的电解质往往会溶解它，降低电池寿命。

开发一种适用于正极和负极不同材料的新型电解质是一项挑战，但 PNNL 团队发现了一种电解质，可以生产出能量密度与磷酸铁锂相当的 150 W · h/L 且循环寿命至少为 300 h 的电池。该研究电池使用装载钠离子的钠化锂 MNC 正极和带有新型电解质的硬碳负极。关键是在负极和正极上形成的 SEI 层，该层取决于电极的组成以及与电解质的相互作用。该团队没有使用传统的 $NaPF_6$ 作为电解质中的盐，而是使用了钠、氟、碘化硫材料。该团队开发了一种纽扣电池来测试材料的性能。在 4.2 V 电压下进行 300 个循环后，它仍保持着 90% 的容量，这比之前报道的大多数高压锂离子电池都要高。电解质不易燃，电池可以在高电压下运行。不过，要利用新的电极材料提高电池的能量密度，还有更多的工作要做。航天飞机挑战钠电池的耐用性差源于电池运行中特定的原子重组（P2–O2 相变），因为离子穿过电池会导致晶体结构无序并最终破坏它们。

美国康奈尔大学的研究人员一直在研究这个过程，发现当钠离子穿过电池时，单个颗粒内部晶体层的错误取向会增加，然后这些层在 P2–O2 相变之前突然对齐。康奈尔大学材料科学与工程助理教授安德烈辛格团队利用康奈尔高能同步加速器源开发了一种新的 X 射线成像技术，从而能够实时、大规模地观察所用电池中单个粒子的行为，从而观察到了这一现象。这使得该团队针对其所使用的电池类型提出了新的设计方案，并计划在未来的研究项目中进行研究。该项目研究员 Jason Huang 表示，一种解决方案是修改电池化学成分，在有缺陷的过渡阶段之前向粒子引入策略性紊乱。新的表征技术可用于揭示其他纳米粒子系统（如硫电池）中的复杂相行为。

7. 未来发展展望

钠离子电池大规模市场应用是势在必行，这一点毋庸置疑。作为钠电元年的 2023 年已经验证了这一点，仅这一年国内立起几十家新型钠电池企业，上百家相关配套设备及材料厂，而且像弗迪、维科、国轩等一线锂电企业也纷纷涉足。碳酸锂价格上涨是必然，而且前面也提到了国家战略定位考虑，钠离子电池利好政策迟早会到来。按照目前钠离子电池发展速度，未来两年内必然会占领不少锂离子电池市场份额。最先实现的是工商业大储能这一领域。

而推动钠离子电池的崛起，成本和市场是必须考虑的两个问题。不管是庞大的市场需求还是锂电国际供应链安全考虑，稀缺的锂元素显然无法满足。从数据上看，锂电不仅在动力电池占比上做到了 70%，而且相对成本昂贵，而锂元素在地壳中的含量仅为 0.006 5%。而钠元素资源储量是锂元素的 440 倍，且分布广泛、提炼简单，作为锂电池的替代品，能以锂离子电池 30% ~ 40% 的成本优势达到锂电池 70% 的性能。

而且价格受供需影响小，碳酸钠常年处于 3 000 元 / 吨以内水平。钠离子电池开始以平替和补充的姿态出现在众多电池企业的规划中。可以说，成本压力将钠电开始推向台前，而新能源内部很多变化也在加速这一进度。首先，大量电动汽车增多，集中进行充电的话，对电网会形成很大的冲击。而这样间断性或者不稳定性的电能需求对于储能电源就会有比较高的需求。而同时独立储能增长愈发明显，这就让储能对储能电池循环寿命、产品安全稳定性等方面提出全新的需求。这让原先以价格为绝对导向的储能供应链体系，慢慢转向以质量和成本为主的生态。这样的市场需求端变化，让以成本和安全为优势的钠电等来最好的风口。市场是最好的结果呈现。

《中国钠离子电池行业发展白皮书（2023 年）》中预测到 2030 年钠离子电池的实际出货量将达到 347.0 GW · h，届时最大的应用领域将是储能。行业预计，丰富的大储项目储备量有望保障 2023 年后大储装机，全球储能池及系统出货量也同步爆发式增长，最有潜力的钠电的发展充满蓬勃的预期。换句话说，钠离子电池是一个非常有前景、规模大、天花板高的市场。

对于某些应用，钠离子电池有潜力与现有的铅酸、锂离子电池竞争，如镍锰钴或磷酸铁锂。然而，要实现这一目标，必须克服许多挑战，包括改进其结构和材料、建立供应链、实现规模经济，并从本质上证明它们是一种有效且具有成本效益的解决方案。

无论它们的潜在成功如何，重要的是要强调创新在基于可再生能源的能源转型中的重要性，在这种情况下，产生可以补充某些应用的锂基电池的化学物质，减少对单一材料的依赖和为更加多元化的材料和技术采购打开大门。钠离子电池显示出巨大的前景，可以成为特定应用的良好替代品，有助于缓解供应链瓶颈并加速能源转型。通过进一步的研究和开发，它们可以在向碳中和能源系统的过渡中发挥重要作用。

任务二　动力电池分解与组装

动力电池的分解和组装是在维护和维修过程中可能需要进行的操作，在进行这些操作时应格外小心。需要注意的是，动力电池的分解和组装涉及高压电源和复杂的电气系统，应由经过专业培训和有经验的技术人员进行操作。所有操作都应遵循制造商的指导和相关安全规程，以确保人身安全和电池系统的完整性。

【案例导入】

车型信息：广汽新能源传祺

行驶里程：38 216 km

购车日期：2018-09-20

客户反馈：李先生的车出现故障：

① 查看动力电池电量显示：电量仅有 1 格，且在闪烁。

② 动力电池电量由原来的 4 格以上，突然跳变到 1 格或者 0。

③ 报这故障时，车辆能 ready，但组合仪表一直提示故障并发出“滴滴滴滴”的声响。

在分解阶段，工程师小心翼翼地拆除了电池包的外壳，露出了由精密排布的电池模组组成的内部结构。

【理论知识】

1. 动力电池的集成

单体电池是构成动力电池模块的最小单元。其一般由正极、负极、电解质及外壳等构成，实现电能和化学能的转换。

维护系统拆卸时注意事项如下。

（1）拆卸完成后不要丢失螺丝，垫圈或其他卸下的零件，对所用到的工具进行必要的绝缘防护。

（2）当使用加热工具时，注意不要损坏线束，电路板和外壳。

（3）拆卸过程中不要让电池管理系统中任何一根线头或接插件搭在电池极柱上，防止对电池和电池管理系统之间产生短路受到损伤。

（4）拆卸后，不仅要检查修理过的部分还要检查所有线束连接点。在操作检查前还要检查其他相关的部分是否正常工作或存在一定的故障隐患。

2. 电池模块

电池模块是一组并联的单体电池的组合，该组合的额定电压与单体电池的额定电压相等，是单体电池在物理结构和电路上连接起来的最小分组，可作为一个单元替换。

3. 模组

模组是由多个电池模块或单体电芯串联组成的一个组合体。

4. 电池组

电池组是由多个模组通过串联或并联构成的一个存储电能或对外输出电能的部件。

5. 电池包

电池包是由一个以上的电池组通过串联或并联构成的一个存储电能或对外输出电能的部件。

6. 动力电池系统

动力电池系统是指由一个以上的电池包通过串联或并联构成的具备完善电池管理系统的电能供给系统，如图 2-2-1 所示。北汽新能源某车型的动力电池集成方式：电池模块到模组，模组组装成电池组，电池组再组装为电池包，电池包最后集成为动力电池系统，如图 2-2-2 所示。

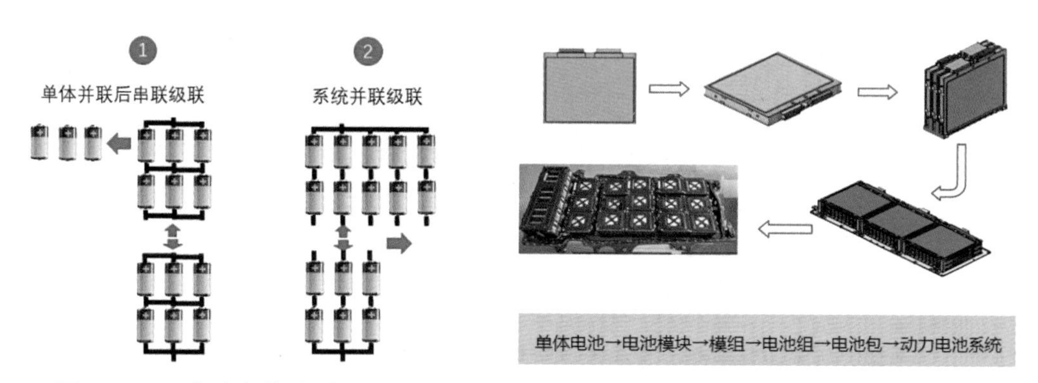

图 2-2-1　电池包构成动力电池系统　　图 2-2-2　动力电池集成方式

【实践操作】

动力电池安装在汽车的车辆底部，有较高的碰撞安全性，可以降低车辆重心。如图 2-2-3 所示为安装在汽车的车辆底部的动力电池。能源管理系统如图 2-2-4 所示，电池连接如图 2-2-5 所示，高压开关如图 2-2-6 所示，高压接头如图 2-2-7 所示。

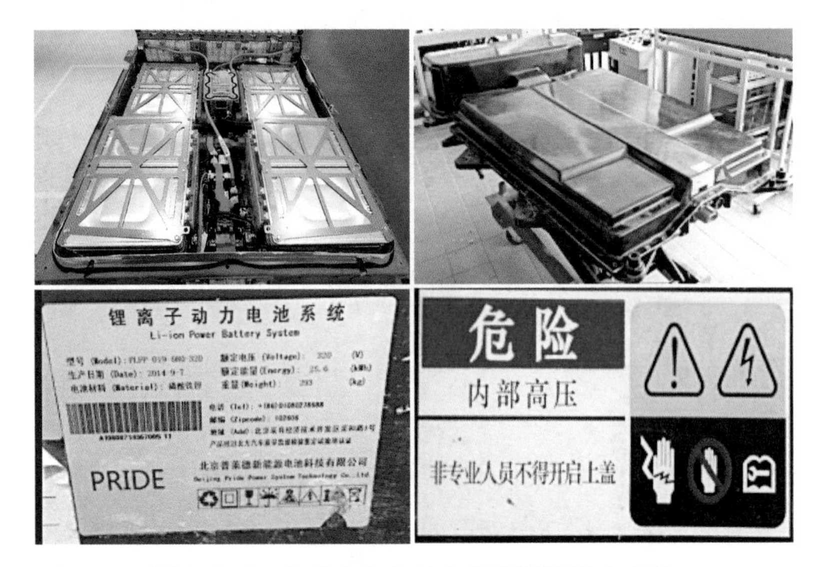

图 2-2-3　安装在汽车的车辆底部的动力电池

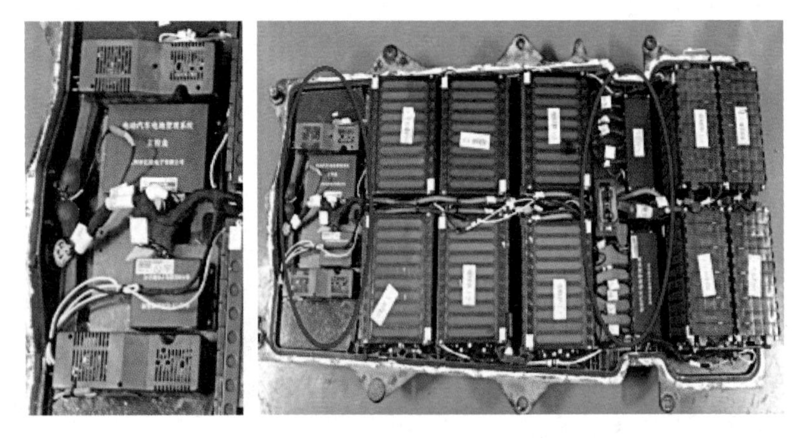

图 2-2-4　能源管理系统

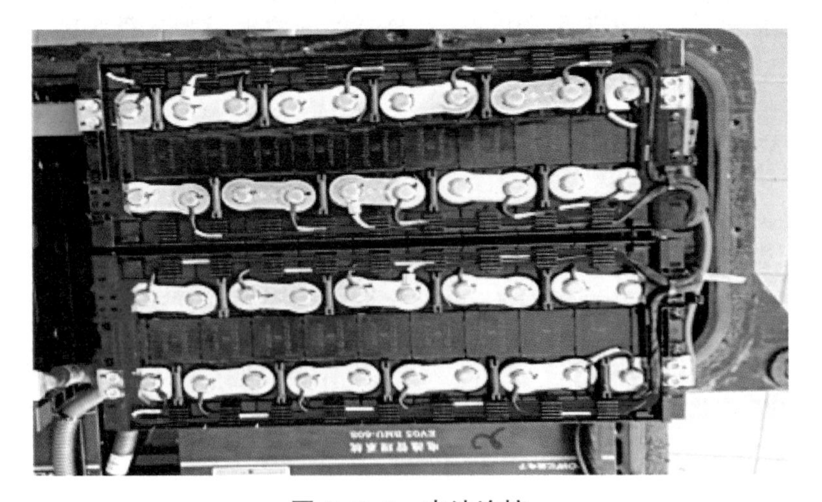

图 2-2-5　电池连接

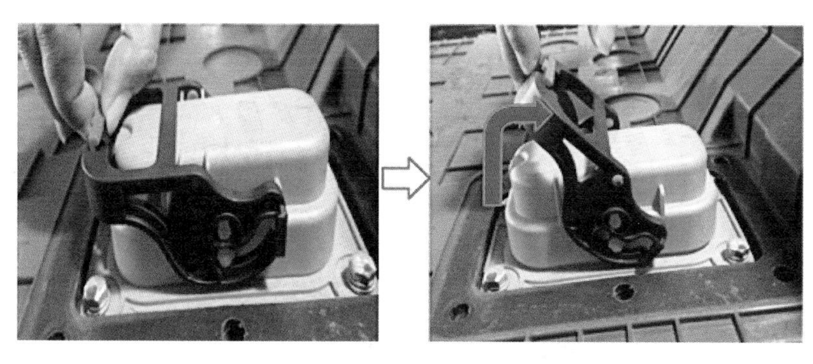

图 2-2-6　高压开关

图 2-2-7　高压接头

【拓展内容】

1. 动力电池 PACK 四大工艺

电池 PACK 是新能源汽车核心能量源，为整车提供驱动电能，它主要通过壳体包络构成电池 PACK 主体。电池 PACK 组成如图 2-2-8 所示，主要包括电芯、模块、电气系统、热管理系统、壳体和电池管理系统等。

1）装配工艺

PACK 的装配工艺其实是有点类似传统燃油汽车的发动机装配工艺。通过螺栓、螺帽、扎带、卡箍、线束抛钉等连接件将组成系统连接到一起，构成一个总成。

2）气密性检测工艺

动力电池 PACK 制造过程中的气密性检测分为两个环节：热管理系统级的气密性检测和 PACK 级的气密性检测。

国际电工委员会（IEC）起草的防护等级系统中规定，动力电池 PACK 必须要达到 IP67 等级。

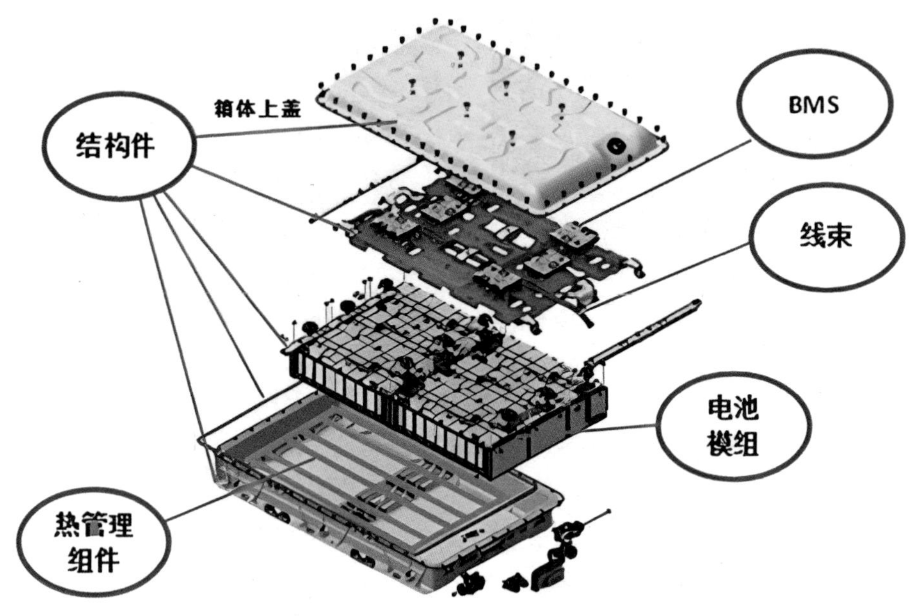

图 2-2-8　电池 PACK 组成

3）软件刷写工艺

软件刷写工艺就是将电池管理系统控制策略以代码的形式刷入 BMS 中的 CMU 和 BMU 中，BMS 控制算法开发如图 2-2-9 所示，以在电池测试和使用过程中将采集的电池状态信息数据，由电子控制单元进行数据处理和分析，然后根据分析结果对系统内的相关功能模块发出控制指令，最终向外界传递信息。

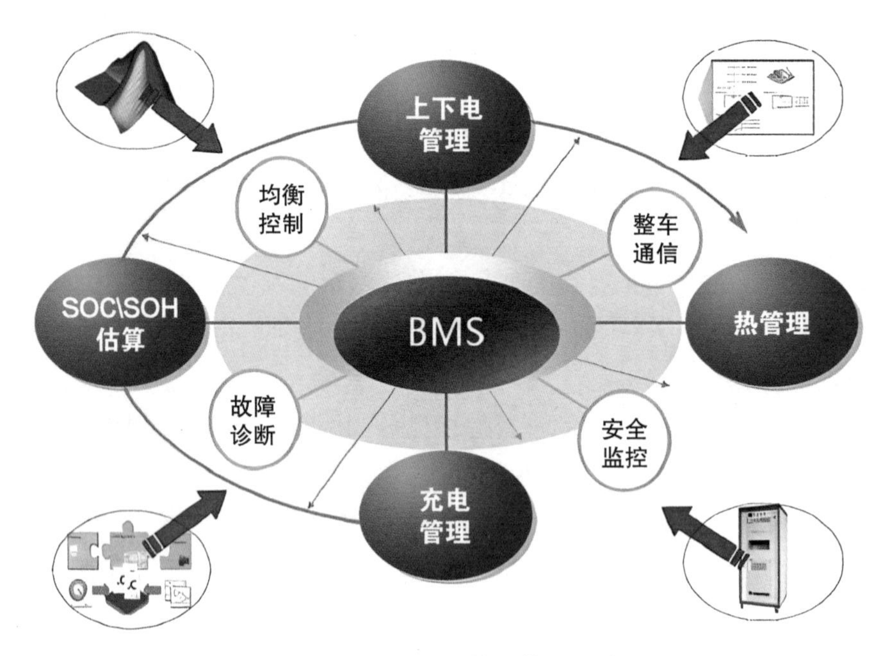

图 2-2-9　BMS 控制算法开发

4）电性能检测工艺

电性能检测工艺是在上述三个工艺完成后，即产品下线之前必做的检测工艺。电性能检测分为以下三个环节。

（1）静态测试

绝缘检测、充电状态检测、快慢充测试等。

（2）动态测试

通过恒定的大电流实现动力电池容量、能量、电池组一致性等参数的评价。

（3）SOC 调整

将电池 PACK 的 SOC 调整到出厂的 SOC。

【任务实施】

（一）新材料智能生产与检测赛：锂离子电池性能检测

利用电池容量测试仪、电池内阻测试仪，按照操作步骤需完成 8 支圆柱形锂离子电池容量、中值电压、放电平台容量比率和内阻的检测，并完成电池分类和检测报告，总时间 240 min。

1. 检查电池外观和测量尺寸

2. 按给定测试条件完成 8 支电池圆柱形锂离子电池容量、中值电压、放电平台容量比率、容量保持率的检测操作

3. 操作步骤

1）测试条件设置

（1）充电方式

以 1.0 C 电流恒流充电至限制电压 4.2 V 时，转变为恒压充电，截止电流为 0.02 C，最长充电时间不大于 2 h，停止充电。

（2）搁置

电池搁置时间 5 min。

（3）放电方式

以 1.0 C 电流放电至终止电压 3.0 V，最长放电时间不大于 1.5 h。

（4）搁置

电池搁置时间 5 min。

2）安装电池

3）运行程序，测试记录数据

电池在满电状态下，完成 8 支电池的内阻检测操作。

4）结果分析

根据电池测试结果，对 8 支电池进行 A、B 级分类。

5）完成检测报告

（二）实车上动力电池技术参数认识

实验台架如图 2-2-10 所示，填写表 2-2-1 所示的任务实施记录单。

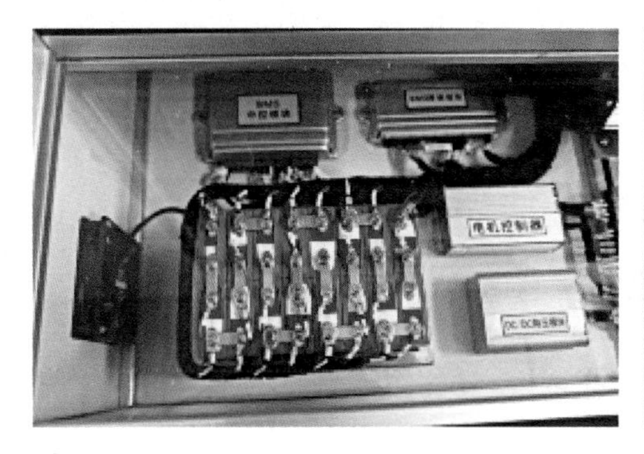
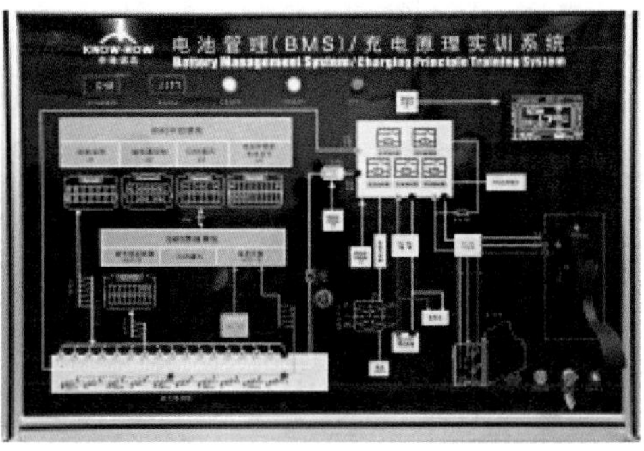

图 2-2-10　实验台架

表 2-2-1　任务实施记录单

<table>
<tr><th>序号</th><th>检测项目</th><th colspan="2">检测点（电池箱）</th><th>检测类型</th><th>检测工具</th><th>检测结果</th><th>标准值</th><th>是否正常</th><th>维修意见</th></tr>
<tr><td>1</td><td>单位电池 1</td><td>1 号针脚</td><td>2 号针脚</td><td rowspan="8">电压</td><td rowspan="8">万用表</td><td></td><td rowspan="8">3.34 V</td><td>是□否□</td><td></td></tr>
<tr><td>2</td><td>单位电池 2</td><td>2 号针脚</td><td>3 号针脚</td><td></td><td>是□否□</td><td></td></tr>
<tr><td>3</td><td>单位电池 3</td><td>3 号针脚</td><td>4 号针脚</td><td></td><td>是□否□</td><td></td></tr>
<tr><td>4</td><td>单位电池 4</td><td>4 号针脚</td><td>5 号针脚</td><td></td><td>是□否□</td><td></td></tr>
<tr><td>5</td><td>单位电池 5</td><td>5 号针脚</td><td>6 号针脚</td><td></td><td>是□否□</td><td></td></tr>
<tr><td>6</td><td>单位电池 6</td><td>6 号针脚</td><td>7 号针脚</td><td></td><td>是□否□</td><td></td></tr>
<tr><td>7</td><td>单位电池 7</td><td>7 号针脚</td><td>8 号针脚</td><td></td><td>是□否□</td><td></td></tr>
<tr><td>8</td><td>单位电池 8</td><td>8 号针脚</td><td>9 号针脚</td><td></td><td>是□否□</td><td></td></tr>
</table>

【微信扫码】
锂电池实验台架操作

项目三 新能源汽车动力电池管理系统

新能源汽车中，动力电池管理系统通常对单体电压、总电压、总电流和温度等进行实时监控采样，并将实时参数反馈给整车控制器。动力电池管理系统，一方面对电池性能参数进行实时监控、实时电性能管理，另一方面，还可以进行应用环境管理，对电池开展加热和冷却处理，使得电池保持在合适的环境温度内。一旦动力电池管理系统出现问题，就不能对电池进行准确的监控，不能估计电池的荷电状态，使得电池的充电处于不受控的状态，过充、过放、过载及过热等问题都可能发生，不仅严重影响电池的性能，而且还对电池的使用寿命造成一定的损害，不利于汽车的安全行驶。

任务一　动力电池管理系统认知与更换

动力电池管理系统在新能源汽车中起着关键的作用，它是用来监控、控制和管理动力电池的重要系统。动力电池管理系统的更换是一项复杂的操作，涉及高压电源和复杂的电气系统，应由经过专业培训的技术人员在合适的环境下进行。应遵循制造商的指导和相关安全规程，以确保人身安全和动力电池管理系统的完整性。

【案例导入】

车型：某品牌纯电动汽车

年款：2018

行驶里程：20000 km

故障现象：启动车辆，仪表 ready 指示灯不亮，车辆无法启动，仪表上系统故障灯、蓄电池故障报警灯、动力电池断开指示灯点亮，无动力电池电量、续航里程显示，并有“动力蓄电池故障”的文字提示。

维修人员已经对相关内容进行检测，判断电池管理系统故障，本任务需对电池管理系统进行拆装更换。

【理论知识】

（一）动力电池管理系统的认知

1. 电池管理系统的定义及安装位置

电池管理系统（battery management system，BMS）是动力电池与电动汽车之间的重要纽带，作为一套保护动力电池使用安全的控制系统，电池管理系统时刻监控电池的使用状态，通过必要措施缓解电池组的不一致性，为新能源汽车的使用安全提供保障。BMS 一般位于车辆底部密封且屏蔽的电池箱体内，如图 3–1–1 所示。

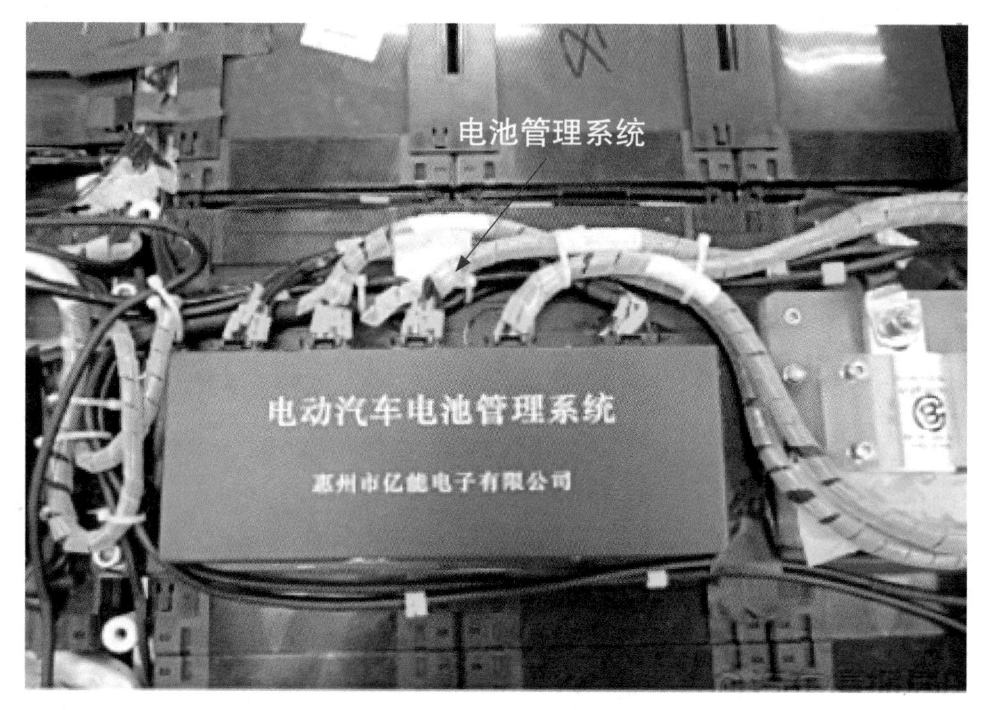

图 3–1–1　北汽新能源汽车电池管理系统安装位置

2. 电池管理系统的功能

【微信扫码】
BMS 的功能

电池管理系统通过电压、电流及温度检测等功能，实现对动力电池系统的过压、欠压、过流、过高温和过低温保护，以及继电器控制、SOC 估算、充放电管理、加热或保温、均衡控制、故障报警及处理、与其他控制器通信功能等功能。此外电池管理系统还具有高压回路绝缘检测功能，以及为动力电池系统加热功能。

电池管理系统不仅要保证电池安全可靠的使用，而且要充分发挥电池的能力和延长使用寿命，作为电池和整车控制器（voltage control unit，VCU）以及驾驶者沟通的桥梁，通过控制接触器控制动力电池组的充放电，并向 VCU 上报动力电池系统的基本参数及故障信息。

总的来说，动力电池管理系统主控制功能要包括数据采集、电池状态计算、能量管理、安全管理、热管理、均衡控制、通信功能和人机接口等。控制方式如图 3–1–2 所示。

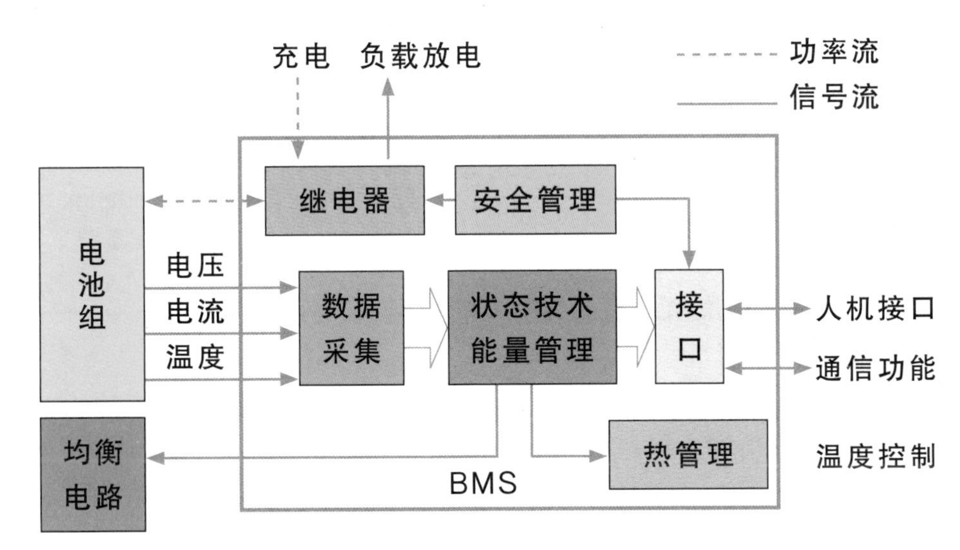

图 3–1–2 电池管理系统控制方式

（1）数据采集

电池管理系统的所有算法都是以采集的动力电池数据作为输入，采样速率、精度和前置滤波特性是影响电池系统性能的重要指标。电动汽车电池管理系统的采样速率一般要求大于 200 Hz（50 ms）。

（2）电池状态计算

电池状态计算包括电池组荷电状态（state of charge，SOC）和电池组健康状态（state of health，SOH）两方面。SOC 用来提示动力电池组剩余电量，是计算和估计电动汽车续驶里程的基础。SOH 用来提示电池技术状态，预计可用寿命等健康状态的参数。

（3）能量管理

主要包括以电流、电压、温度、SOC 和 SOH 为输入进行充电过程控制，以 SOC、SOH 和温度等参数为条件进行放电功率控制两个部分。

（4）安全管理

监视电池电压、电流、温度是否超过正常范围，防止电池组过充、过放。现在，在对电池组进行整组监控的同时，多数电池管理系统已经发展到对极端单体电池进行过充电、过放电、过热等安全状态管理。

（5）热管理

在电池工作温度超高时进行冷却，低于适宜工作温度下限时进行电池加热，使电池处于适宜的工作温度范围内，并在电池工作过程中总保持电池单体间温度均衡，如图 3–1–3 所示。

(6) 均衡控制

由于电池的一致性差异导致电池组的工作状态是由最差电池单体决定的。在电池组各个电池之间设置均衡电路，实施均衡控制是为了使各单体电池充放电的工作情况尽量一致，提高整体电池组的工作性能。

图 3-1-3 奥迪 A3 Sportback e-tron 动力电池热管理系统

(7) 通信功能

通过电池管理系统实现电池参数和信息与车载设备或非车载设备的通信，为充放电控制、整车控制提供数据依据是电池管理系统的重要功能之一，根据应用需要，数据交换可采用不同的通信接口。

(8) 人机接口

根据设计的需要设置显示信息以及控制按键、旋钮等。电池管理系统的主要工作原理可简单归纳为数据采集电路采集电池状态信息数据后，由电子控制单元（electronic control unit，ECU）进行数据处理和分析，然后电池管理系统根据分析结果对系统内的相关功能模块发出控制指令，并向外界传递参数信息。

3. 电池管理系统的组成

【微信扫码】
BMS 的组成

电池管理系统按性质可分为硬件和软件，按功能分为数据采集单元和控制单元。

硬件包括主板、从板及高压盒，还包括采集电压线、电流、温度等数据的电子器件；软件用于监测电池的电压、电流、SOC 值、绝缘电阻值、温度值，通过与 VCU、充电机的通信，来控制动力电池系统的充放电。

以北汽新能源汽车为例，BMS 系统结构原理如图 3-1-4 所示，BMS 系统组成如图 3-1-5 所示。

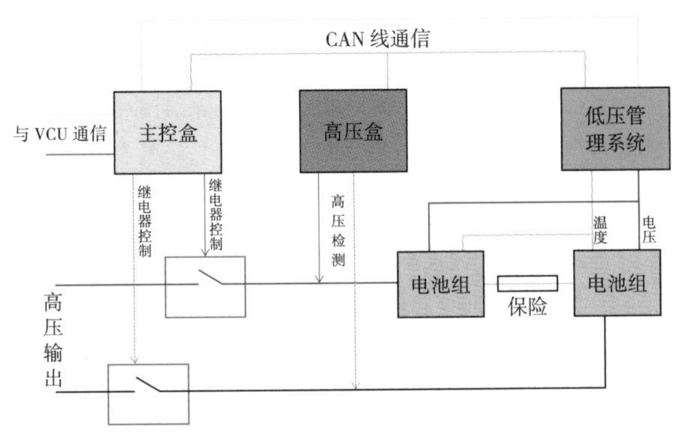

图 3–1–4　北汽新能源汽车 BMS 系统结构原理图

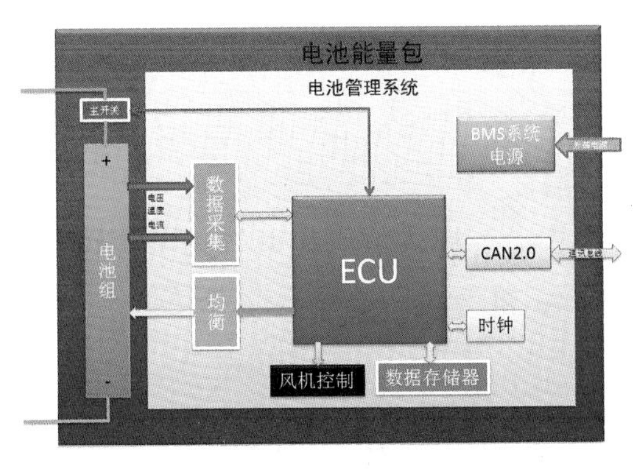

图 3–1–5　北汽新能源汽车 BMS 系统组成图

动力电池模组放置在一个密封并且屏蔽的动力电池箱里面，动力电池系统使用可靠的高低压接插件与整车进行连接。系统内的 BMS 实时采集各电芯的电压值、各温度传感器的温度值、电池系统的总电压值和总电流值，电池系统的绝缘电阻值等数据，并根据 BMS 中设定的阈值判定电池系统工作是否正常，并对故障实时监控。动力电池系统通过 BMS 使用 CAN 与 VCU 或充电机之间进行通信，对动力电池系统进行充放电等综合管理。

【实践操作】

【微信扫码】
BMS 的更换

1. 实施要求

本任务主要学习动力电池管理系统的更换。内容包括：

（1）动力电池管理系统的拆卸。

（2）动力电池管理系统的安装。

2. 实施准备

（1）防护装备：安全防护装备。

（2）车辆、台架、总成：北汽新能源整车 / 台架或其他车型整车 / 台架。

（3）专用工具、设备。

（4）手工工具：无绝缘拆装组合工具。

（5）辅助材料：警示标示和设备、绝缘地胶、清洁剂。

3. 实施步骤

1）拆卸故障 BMS 连接线束

（1）将故障 BMS 周围固定线束的扎带剪断，确保插件处线束松弛不受限制，将剪断的扎带放置于指定的容器内避免遗漏在电池箱体内。

（2）将故障BMS端口处插件拔出，如图3–1–6所示，注意：拆卸插件时需一只手轻按住BMS外部铝壳，另一只手按住插件缓缓将其拔出，禁止以提拉线束的方式拔出插件。

（3）将拆卸后线束领用绝缘胶带暂时固定在远离故障BMS的地方，如图3–1–7所示，避免操作过程中对线束造成意外伤害。

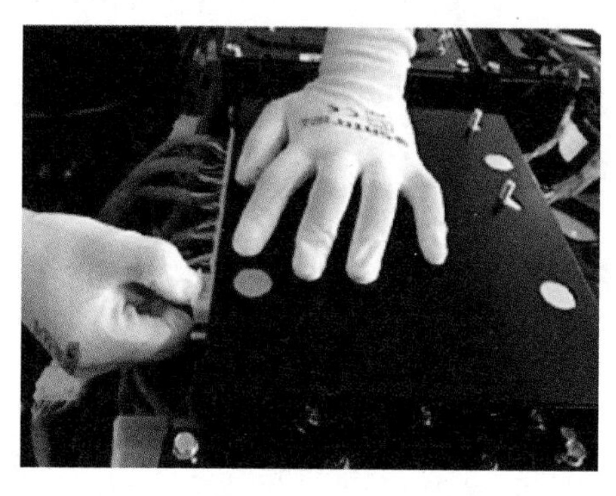

图3–1–6　故障BMS端口处插件拔出

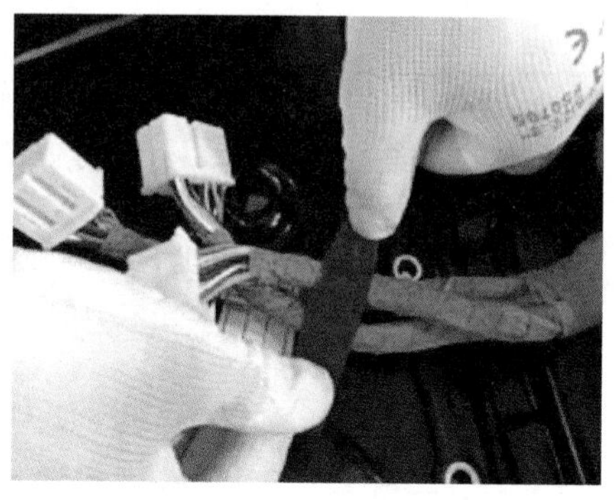

图3–1–7　固定线束

2）更换BMS

（1）利用套筒将BMS固定点螺母旋出，如图3–1–8所示，并将拆卸后的螺母、平垫、弹垫、绑线扣等零件置于指定容器内。

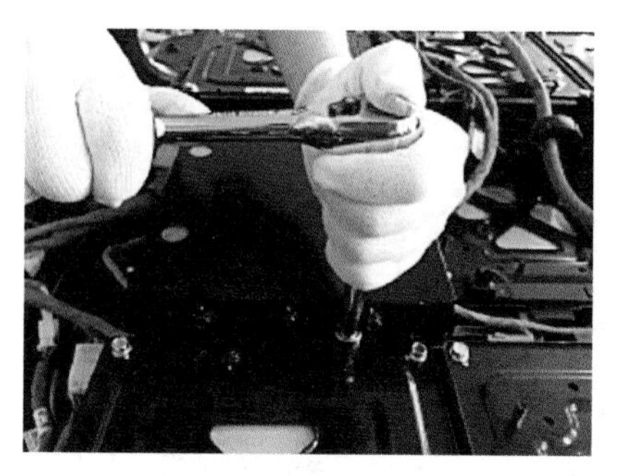

图3–1–8　旋出BMS固定点螺母

图3–1–9　故障BMS

（2）将故障BMS拆下并置于BMS返修的容器内，如图3–1–9所示。

（3）将新BMS摆放于安装板上，确保与安装板贴合紧密无间隙，插件口朝向正确无误。

（4）手动将螺母旋入安装板铆螺柱上，需加装平弹垫，原有安装绑线扣处重新安装绑线扣，旋入后螺母下表面应于安装板平行。在螺母旋至铆螺柱底部时，利用套筒对螺母进行紧固，紧固完成后应确保螺栓弹垫平整无翘起，螺母下表面与平垫及BMS固定孔上表面应贴合紧密无缝隙。

3）连接BMS线束

（1）拆下暂时固定的胶带，置于指定的容器内，避免遗漏在电池箱内。

（2）按照线束标号将插件插入相应的BMS端口内。注意：插件插接时，应按住插件两侧将插件插入端口插件处。

（3）利用扎带将线束固定到绑原有线扣处，线束固定要牢固。插件处线束要留有一定余量不宜受力过大。固定后将扎带多余部分清楚，并置于指定位置避免遗漏在电池箱体内。

4）操作后整理现场

（1）清理操作后箱体内残留的灰尘及辅助碎屑。

（2）清点工具及辅料，避免遗漏在电池箱体内。

（3）标记故障 BMS 相关信息，以备返厂检修。

【拓展内容】

新能源汽车动力电池管理系统开发的一般流程

动力电池管理系统的设计和实现与整个动力电池组的设计和实现是密不可分的。主要体现为两个方面：

第一，动力电池管理系统的设计依赖于动力电池的特性，不同的电池类型、不同的电池特性对应着不同的电池管理系统的软硬件设计。

第二，电池管理系统要与动力电池组结合起来进行整体测试。

（一）动力电池管理系统开发的前期工作

动力电池管理系统的开发过程是从“确定 BMS 的各项功能”“确定 BMS 的拓扑结构”“动力电池特性测试”这三项工作开始的。分别说明如下。

1. 确定 BMS 的各项功能

指的是根据整车对动力电池及其管理系统所提出的需求，选定各项基本功能的一部分或者全部，确定系统的全部功能，编写功能说明书。

2. 确定 BMS 的拓扑结构

指的是根据整车对动力电池及其管理系统所提出的需求，确定电池控制单元（battery control unit，BCU）、电池采样单元（battery monitor unit，BMC），与所有单元电池之间的拓扑关系，绘制电池管理系统的拓扑结构图。

3. 动力电池特性测试

这是一个在电池管理系统开发过程中常被忽视的重要环节。实际上，在进行 BMS 的软硬件设计之前，必须要对动力电池的充放电特性、容量特性、内阻特性等进行测试，以便相应地进行硬件保护电路设计、SOC 评估算法设计以及能量管理策略设计等。

（二）动力电池管理系统软硬件设计及实现

软硬件设计及其实现是动力电池管理系统开发的主体工作，软件的开发与硬件的开发工作是相辅相成的，即进行软件开发的时候需要兼顾到各部分硬件的可执行行为，而进行硬件设计的时候需要充分考虑到软件算法复杂度。

1. 硬件设计及实现

在进行 BMS 硬件设计的过程中，除了实现传统意义上的电路板设计及元器件选型等工作以外，还需要特别注意耐压绝缘设计、抗电磁干扰设计、电磁兼容设计、通风散热设计以及通信隔离设计等五项工作，因为这些内容对于电动汽车而言有着非常特殊的重要意义。

2. 软件设计及实现

动力电池管理系统的软件设计实际上是由许多个功能模块的详细设计组合而成的。这些功能模块包括安全保护策略、（充放电）能量控制策略、电池均衡控制策略、SOC 评估算法、SOH 评估算法等。除此以外，还要为通信及智能故障诊断机制留有足够的资源以及保证足够快的响应时间。

（三）BMS 单元测试及动力电池组整体测试

在完成动力电池管理系统硬件设计、制作以及软件系统的编程、调试以后，所制订的动力电池管理系统的各项基本功能就可以实现了。接下来需要做的就是大量的测试工作，其中包含 BMS 本身的单元测试以及整个动力电池组的整体测试。

1.BMS 的单元测试

BMS 的单元测试，主要包括各项功能测试，即要测试 BMS 的各项策略、功能是否满足设计要求。此外，还需要进行 BMS 的电磁兼容性测试、抗电磁干扰测试等。

2. 动力电池组整体测试

从根本上说，电池管理系统的可靠性、稳定性等测试需要与动力电池组的整体测试联合进行。

任务二　动力电池管理系统检测

动力电池管理系统检测对于确保电池系统安全和性能的正常运行非常重要。以下是一般的 BMS 检测流程。

（1）BMS 软件检查：通过与 BMS 通信，检查软件的版本和更新情况。确保 BMS 软件在最新版本，并具备正确的算法和逻辑。

（2）电压检测：BMS 会监测电池组内每个单体电池的电压，以确保电压分布均匀且未超出安全范围。

（3）温度检测：BMS 会监测电池组内的温度。过高或过低的温度可能会对电池的性能和寿命产生负面影响。

（4）电流检测：BMS 会监测电池的充放电电流，以确保在正常工作范围内，并防止过大的电流引起安全问题。

（5）绝缘检测：BMS 还会监测电池组与车身、地面之间的绝缘状态，以确保没有漏电或绝缘破损的情况。

（6）健康状态估计：BMS 通过对电池组的数据分析和处理，估计电池的容量、健康状态和剩余寿命，以辅助车主或技术人员进行维护和管理决策。

（7)故障诊断: BMS 能够通过检测电池组的异常状态和错误代码来进行故障诊断，并及时发出警报或采取相应的措施。

（8）通信检测：BMS 还会检查 BMS 与其他车辆系统的通信是否正常，确保实时数据的传输和交互。

需要注意的是，BMS 的检测应由专业人员使用合适的检测设备和工具进行，并且应按照制造商的指导和相关安全规程进行操作。这些检测将有助于及时发现电池系统的异常情况，从而确保安全性能和延长电池的使用寿命。

【背景描述】

【微信扫码】
BMS 从控盒的更换

【案例导入】

车型：某品牌纯电动汽车

年款：2018

行驶里程：20 000 km

故障现象：启动车辆，仪表 ready 指示灯不亮，车辆无法启动，仪表上系统故障灯、蓄电池故障报警灯、动力电池断开指示灯、充电提醒灯点亮，无动力电池电量、续航里程显示，并有“动力蓄电池故障”“请尽快进行充电”的文字提示。

维修人员已经对相关内容进行检测，判断电池管理系统存在问题，本任务需对电池管理系统进行检测、分析。

【理论知识】

（一）电池管理系统低压线束的作用及分类

1. 电池管理系统低压线束的作用

BMS 是动力电池系统的“大脑”，BMS 低压线束好比是连接的“血管”。如图 3-2-1 所示，黑色为连接的低压线束。

在动力电池系统中，BMS 低压线束负责连接动力电池和整车控制器，用来低压唤醒全车有控制器的高压部件，完成整车低压上电。主要用于传输电池的电压、电流、温度等信号，以及为电池管理系统提供电源连接。

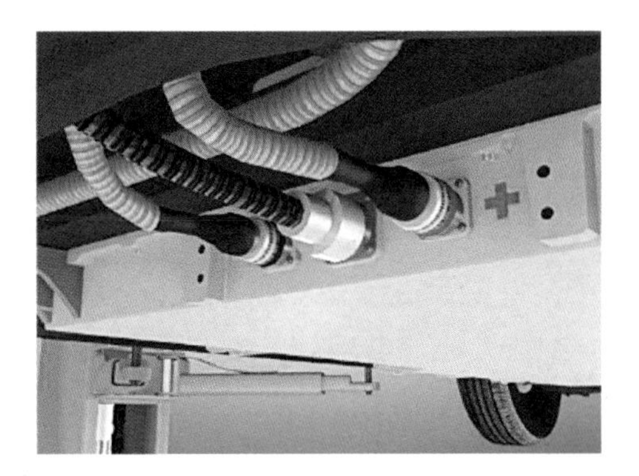

图 3-2-1　低压线束

2. 低压线束分类

低压线束按作用可分为电源线、搭铁线、网络线、控制信号线、传感器采样线等。电池管理系统的低压线束主要有温度信号采集线、电压信号采集线、CAN 线、互锁线、唤醒线、控制线、电源线、搭铁线等。

（二）电池管理系统主控盒、从控盒、高压盒的组成及功能

1. 电池管理系统主控盒的功能

如图 3-2-2 所示，主控盒是一个连接外部通信和内部通信的平台，主要功能如下。

图 3-2-2　BMS 主控盒

（1）接收电池管理系统反馈的实时温度和单体电压（并计算最大值和最小值）。

（2）接收高压盒反馈的总电压和电流情况。

（3）与整车控制器通信。

（4）与充电机或快充桩通信。

（5）控制正、负主继电器。

（6）控制电池加热。

（7）唤醒应答。

（8）控制充 / 放电电流。

2.BMS 从控盒的组成及功能

如图 3-2-3 所示，BMS 从控盒又称电池低压管理系统，主要由通信接口、电芯监测、电芯均衡、电池包组成，主要功能如下（控制逻辑如图 3-2-4 所示）。

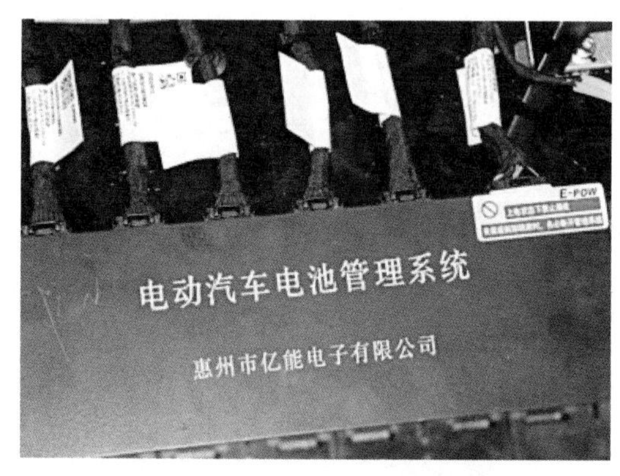

图 3-2-3　电池低压管理系统

（1）监控电池的单体电压。

（2）监控每个电池组的温度。

（3）检测高压系统绝缘性能。

（4）监测电量（SOC）值。

（5）将以上项目监控到的数据反馈给主控盒。

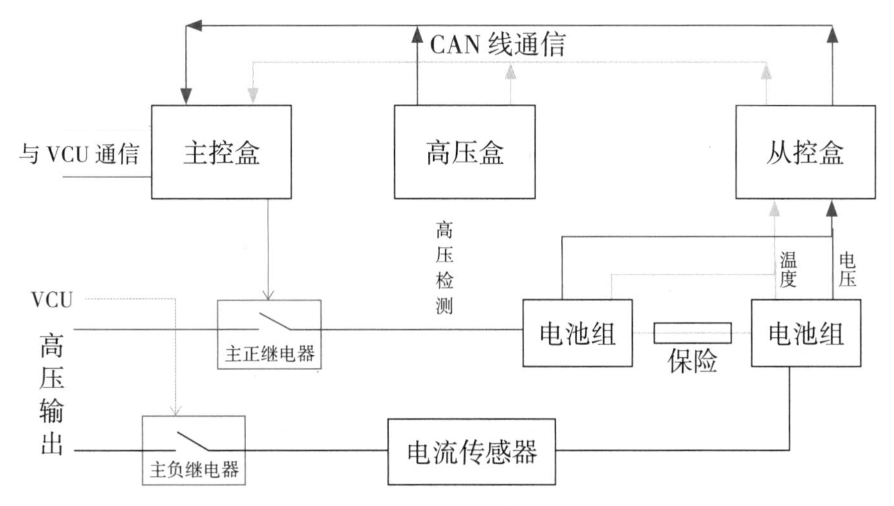

图 3-2-4　从控盒控制图

3.BMS 高压盒的功能

如图 3-2-5 所示为 BMS 高压盒，主要功能如下。

（1）监控动力电池的总电压（主继电器内外有 4 个监测点，内部 320 V，外部 0 V，如图 3-2-6 所示）。

（2）监控动力电池充 / 放电电流。

（3）检测高压系统绝缘性能。

（4）监控高压连接情况。

（5）将以上项目监控到的数据反馈给主控盒。

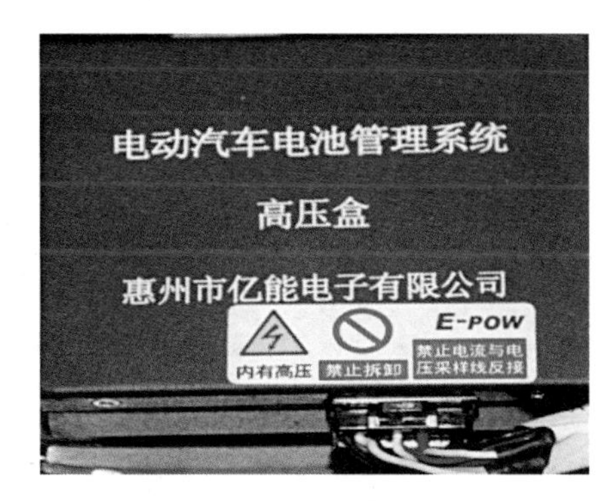

图 3-2-5　BMS 高压盒

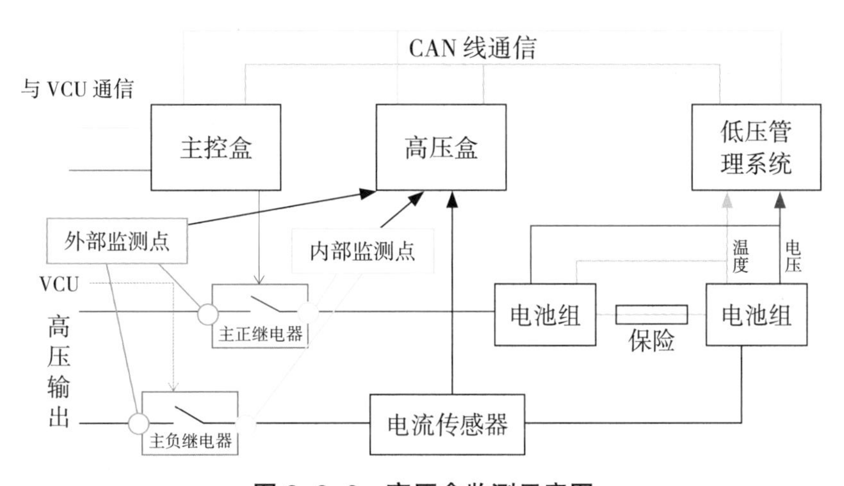

图 3-2-6　高压盒监测示意图

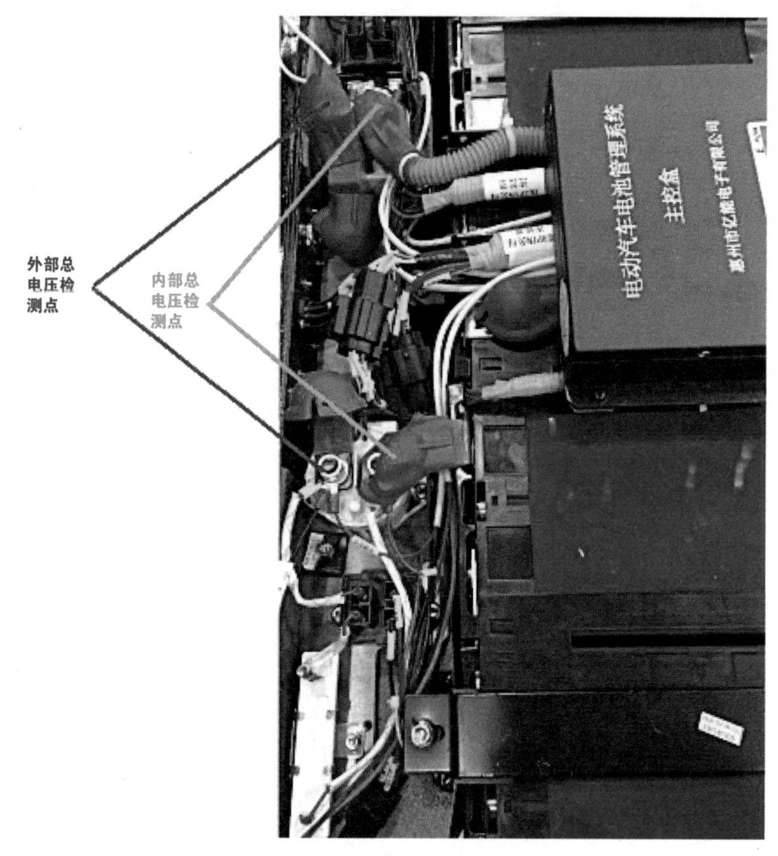

图 3-2-7　高压盒实物监测示意图

（三）电池管理系统低压线束插接头针脚定义

以吉利 EV450 为例，如图 3-2-8 所示为 BMS 低压插接头，定义见表 3-2-1。

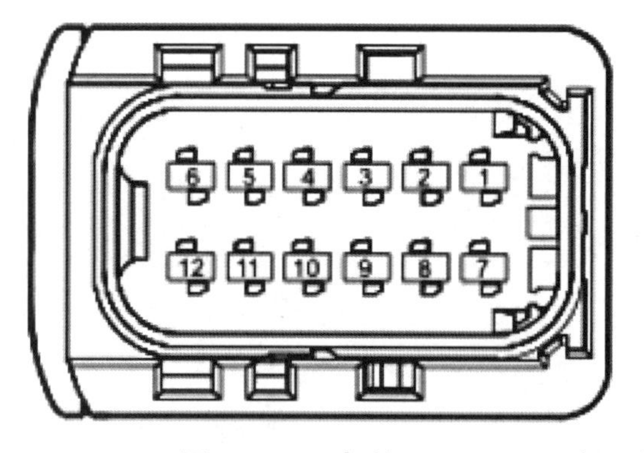

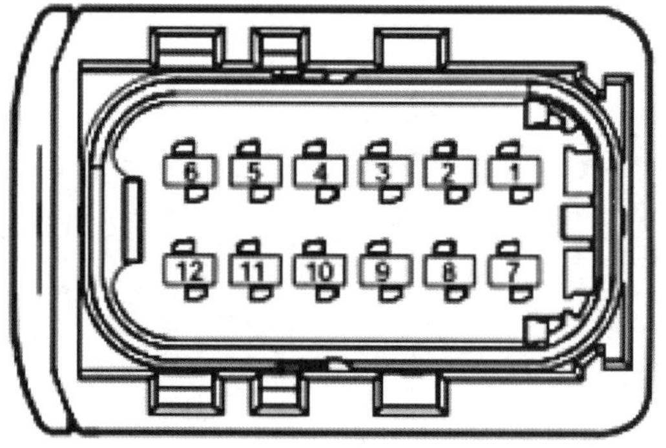

图 3-2-8　吉利 EV450 BMS 低压插接头（左边为 CA69，右边为 CA70）

表 3-2-1　吉利 EV450BMS 低压插接头定义

端子号（CA69）	端子定义	端子号（CA70）	端子定义
1	常电 12 V	1	快充 CAN-H
2	电源地 GND	2	快充 CAN-L
3	整车 CAN-H	3	快充 CC2

（续表）

端子号（CA69）	端子定义	端子号（CA70）	端子定义
4	整车 CAN-L	4	快充 Wake-up
5	—	5	快充 Wake-up GND
6	Crash 信号	6	—
7	IG2	7	—
8	—	8	—
9	快充插座正极柱温度 +	9	—
10	快充插座正极柱温度 -	10	—
11	—	11	快充插座正极柱温度 +
12	—	12	快充插座正极柱温度 -

（四）电池管理系统低压线束电路图拆画

1. 实施要求

查询吉利 EV450 维修手册，拆画电池管理系统外部低压电路图。

2. 实施准备

电路图准备：吉利 EV450 维修手册，绘图工具。

实车检测准备如下。

（1）防护装备：安全防护装备。

（2）吉利 EV450 车辆。

（3）专用工具、设备。

（4）辅助材料：警示标示和设备、绝缘地胶、清洁剂。

3. 实施步骤

根据维修手册拆画电池管理系统外部低压电路图，部分电路如图 3-2-9 所示。

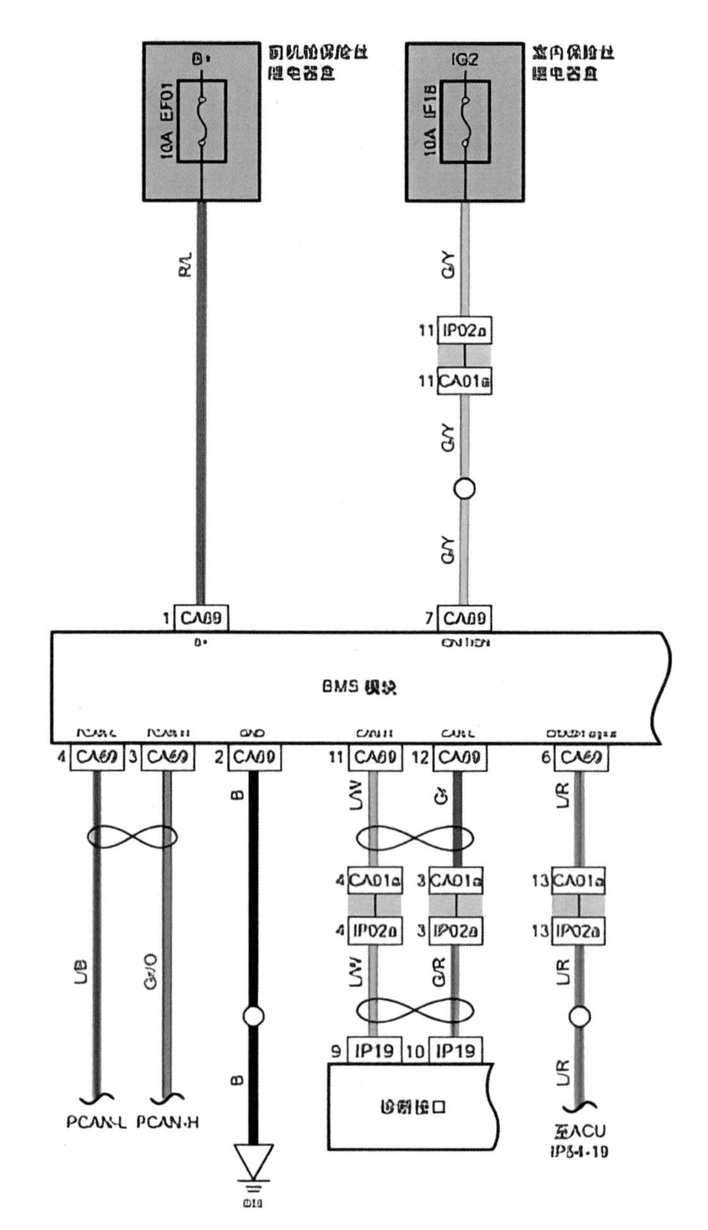

图 3-2-9　吉利 EV450BMS 部分电路图

根据维修手册电池管理系统外部低压电路图，检测 BMS 相应数据，并完成表 3-2-2。

表 3-2-2　电池管理系统检测表

序号	检测项目	检测点	检测条件	检测类型	标准值	检测值	维修意见
1	电源	CA69/1	搭铁	—	电压	蓄电池电压	
		CA69/7	IG2	断电	电阻	< 1 Ω	
		CA70/4	搭铁	—	电压	蓄电池电压	
2	搭铁	CA69/2	搭铁	—	电压	12 V	
		CA70/5	搭铁	—	电压	12 V	

（续表）

序号	检测项目	检测点	检测条件	检测类型	标准值	检测值	维修意见
3	信号	CA69/6	IP54/19	断电	电阻	< 1 Ω	
		CA70/3	BV20/7	断电	电阻	< 1 Ω	
4	CAN	CA69/3	搭铁	—	电压波形	驱动 CAN 波形	
		CA69/4	搭铁	—	电压波形	驱动 CAN 波形	
		CA70/1	搭铁	—	电压波形	驱动 CAN 波形	
		CA70/2	搭铁	—	电压波形	驱动 CAN 波形	
5	传感器	CA69/9	CA69/10	断电	电阻	热敏电阻	
		CA70/11	CA70/12	断电	电阻	热敏电阻	

【拓展内容】

新能源电动汽车电池放电性能检测方法

电动汽车电池的放电性能受放电制度的影响，放电制度主要包括放电时间、放电电流、环境温度、终止电压等。电池的放电方法主要分为恒电流放电和恒电阻放电。此外，还有恒电压放电法，定电压、定电流放电法，连续放电法和间歇放电法等。其中恒电流放电法是最常见的放电方法，恒电阻放电法常用于 $Zn\text{-}MnO_2$ 干电池的检测。

根据不同的电池类型及不同的放电条件，规定的电池放电终止电压也不同。一般说来，在低温或大电流放电时，终止电压可定得低些，小电流放电时终止电压可规定得高些。因为低温大电流放电时，电极的极化大，活性物质不能得到充分利用，电池的电压下降快；小电流放电时，电极的极化小，活性物质能得到较充分的利用。

（一）电动汽车电池恒电流放电法检测

恒电流放电系统由恒流源、电流、电压检测记录装置组成。恒流源可以由电子稳流电路组成，如图 3-2-10 所示，也可用一个恒压源与大电阻构成，如图 3-2-11 所示。

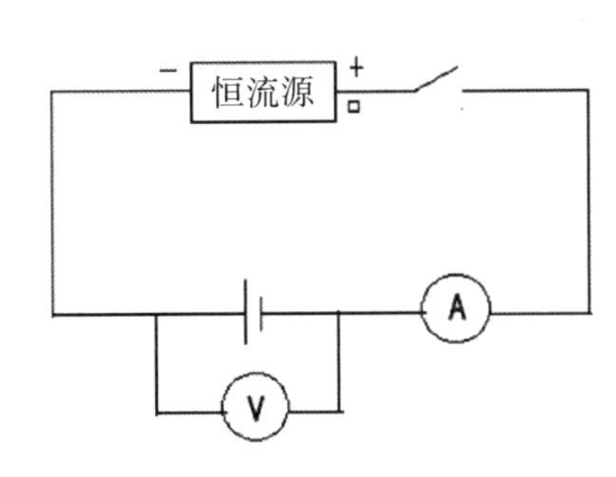

图 3-2-10　恒流源放电法检测图

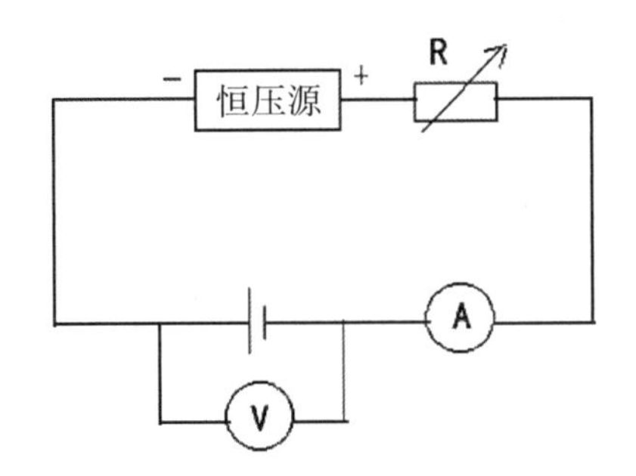

图 3-2-11　恒压源与大电阻放电法检测图

电池电压在恒电流放电过程中随时间的变化可以通过函数记录仪、XT 自动平衡记录仪来记录，或通过数据采集卡用计算机来自动采集数据，当然，也可采用专门的设备进行检测。这些检测仪一般都有多路恒流源，彼此之间相互独立，可同时互不干扰的进行多只电池的检测，这些设备一般都由单片机高级独立计算机来控制，可以脱离外部计算机工作。图 3–2–12 所示为 1 200 mA・h 标准 AA 型 MH-Ni 电池的放电曲线。

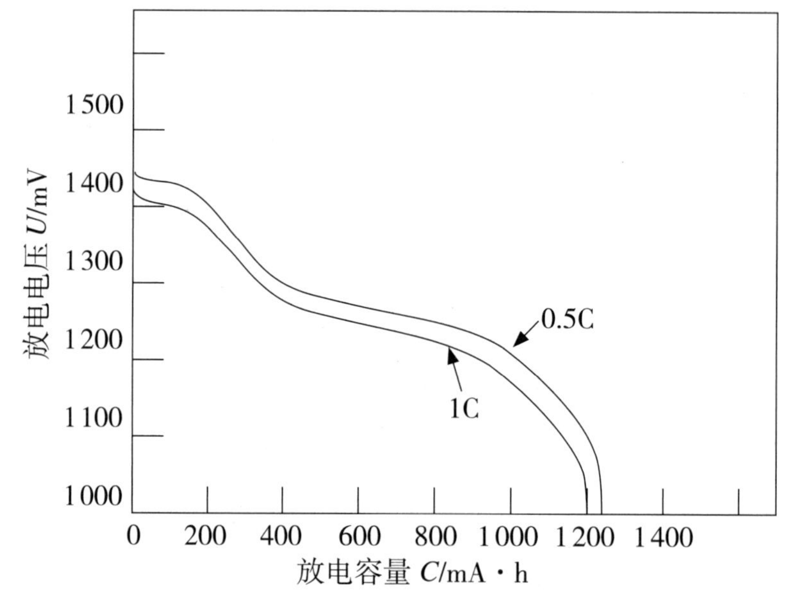

图 3–2–12　MH-Ni 电池的放电曲线图

放电电流的大小直接影响到电池的放电性能。因此在标注电池的放电性能时，一定要标明放电电流的大小。

电动汽车电池的工作电压是衡量电池放电性能的一个重要指标。一般说来，电池的放电特性可以用放电曲线加以表征。放电曲线反映了整个放电过程中工作电压的变化过程。工作电压是一个变化的值，不是十分明了。因此常以中点电压（或中值电压）来直观说明。中点电压是指额定放电时间的中点时刻电池的工作电压，如 MH-Ni 电池 1 C 放电时，其中点电压即指放电至 30 min 时电池的工作电压，一般为 1.24 ~ 1.25 V。

另外一种表征方法则为电池放电至标称电压时的放电时间占总放电时间的比率。如某 Cd-Ni 电池 1 C 放电至 1.0 V 的放电时间为 60 min，其标称电压为 1.2 V，电池放电至 1.2 V 的时间为 48 min，那么可以计算放电至 1.2 V 的时间与总放电时间的比率为 80%，习惯上称之为电压特性。

一个性能良好的电池应具有良好的电压特性，这样才可以保证电池输出功率高，并可以使用电器长时间处于正常的工作电压范围内，也有利于实际应用中电池容量的发挥。

（二）电动汽车电池恒电阻放电法检测

恒电阻放电是指放电过程中保持负荷电阻为一定值，放电至终止电压同时记录电压随时间的变化。恒电阻放电法常用在碱性 Zn-MnO_2 干电池的检测中。恒电阻法放电有连续放电、间歇放电、交替连续放电三种方式，具体装置如图 3-2-13 所示，交替连续放电法一般较少采用。

恒电阻放电中所采用的负荷电阻一般为标准电阻，且其阻值应包括放电时外电路所有部分的电阻。

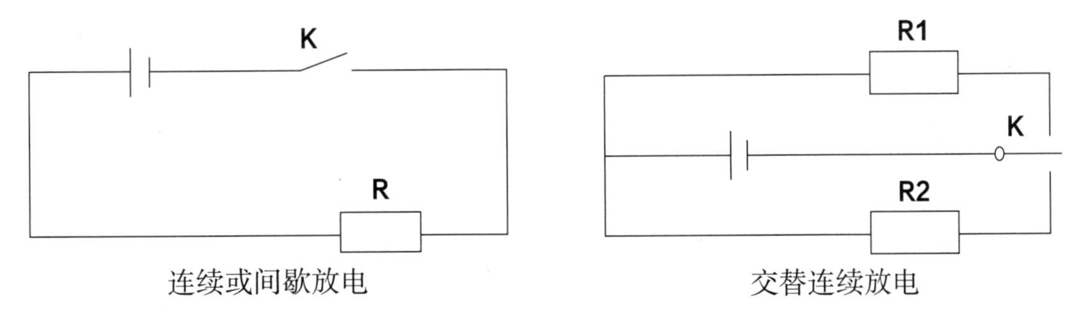

图 3-2-13　恒电阻放电法检测图

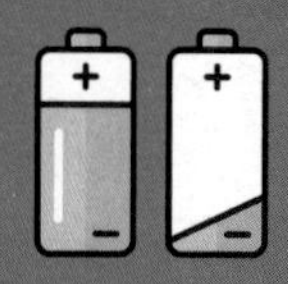

项目四
电池储能技术的应用案例

电池储能技术在各个领域中都有广泛的应用，以下是一些典型的案例。

（1）电力系统调度与峰谷填充：电池储能技术可用于电力系统的调度和峰谷填充，通过在低电价时充电，在高电价时放电，以平衡电力供需，并减少对传统发电设备的依赖。

（2）新能源电力系统的平稳输出：对于风力发电和太阳能发电等新能源电力系统，电池储能可以平衡其间歇性的发电特性，提供稳定的电力输出，改善电网的可靠性和稳定性。

（3）电动交通工具：电池储能技术是电动车辆的关键技术，能够存储电能并提供车辆的动力需求，促进了电动交通工具的发展，并减少了对传统燃油车辆的依赖。

（4）紧急备用电源：电池储能技术可以作为紧急备用电源，用于提供电力供应的稳定性和可靠性，对于关键设施如医院、通信基站和应急应用等具有重要意义。

（5）分布式能源系统支持：在分布式能源系统中，电池储能可以存储和释放能源，平衡不同来源的电力供应，降低对传输和配电网络的压力，并提高系统的可靠性和灵活性。

（6）微电网应用：电池储能技术在微电网中起着重要作用，可以平衡微电网系统的供需关系，提高能源利用效率，并实现与主电网的互联互通。

（7）农村和偏远地区电力供应：电池储能技术可以用于为农村和偏远地区提供可靠的电力供应，满足当地居民和企业的基本用电需求，减少对传统电力网络的依赖。

以上是电池储能技术的一些应用案例，随着技术的进一步发展和创新，电池储能在能源领域的应用将会更加丰富和广泛。

任务一　电池储能技术在碳达峰、碳中和中的作用

电池储能技术在碳达峰、碳中和目标的实现中起着重要的作用。以下是它在这两个方面的作用。

（1）碳达峰：电池储能技术可以有效应对能源系统中的尖峰负荷需求，优化电力系统的供需平衡。通过在低负荷时充电、在高负荷时放电，可以降低传统发电设备的负荷峰值，减少碳排放量。这有助于实现碳达峰目标，即减少化石燃料的使用，降低二氧化碳排放。

（2）碳中和：电池储能技术可以与可再生能源相结合，形成可再生能源储能系统。可再生能源如太阳能和风能具有间歇性特点，而电池储能可以平衡能源供应和需求之间的差异，提供稳定的电力输出。这样可以实现可再生能源的稳定供应，减少对传统化石燃料发电的需求，推动碳中和目标的实现。

综上所述，电池储能技术在碳达峰、碳中和目标中的作用是通过提供灵活的电力储存和调度能力，促进可再生能源的大规模应用和碳排放的减少。随着电池技术的不断创新和发展，电池储能将在能源转型中发挥更加重要的作用，推动低碳经济的实现。

【背景描述】

碳达峰、碳中和提出以后，电化学储能会有更大、更快的发展。因为“碳中和”需要发展光伏、风电等可再生能源来替代化石能源。而这些可再生能源都是间歇性能源。间歇性能源的可用性与实际能源需求之间的不匹配是其利用的一大障碍。要解决这个问题，只有在光伏和风能充足时将电能储存起来，在需要时释放储能的电力。因此，“碳中和”可以简单说是可再生能源 + 储能。

【微信扫码】
电池储能技术在碳达峰、碳中和中的作用

【案例导入】

面向碳中和的新能源汽车创新与发展

2020 年是新能源汽车发展的一个里程碑意义的年份。这一年新能源汽车行业峰回路转，新能源汽车规划（2012 ~ 2020 年）目标任务圆满收官。这一年，是新能源汽车大规模进入家庭的元年，新能源汽车从政策驱动到市场驱动的转折年，也是新能源汽车利好发展政策纷纷出台的一年，尤其是我国提出的 2030 年“碳达峰”与 2060 年“碳中和”的宏伟目标，给新能源汽车可持续发展注入强大动力。所以我们就这个问题从汽车动力与能源革命的背景来看看中国新能源汽车发展所处的历史方位。

大家知道每次能源革命都是先发明了动力装置和交通工具，然后带动对能源资源的开发利用，并引发工业革命。第一次能源革命，动力装置是蒸汽机，能源是煤炭，交通工具是火车。第二次能源革命，动力装置是内燃机，能源是石油和天然气，能源载体是汽、柴油，交通工具是汽车。第一次是英国超过荷兰，第二次是美国超过英国。现在正处于第三次能源革命，动力装置是各种电池。能源是可再生能源，能源载体有两个——电和氢，交通工具就是电动汽车。所以这一次也许是中国赶超的机会。

那么第四次工业革命又是什么？本书认为是以可再生能源为基础的绿色化和以数字网络为基础的智能化。下面从能源与工业革命的视角从三个方面来谈新能源汽车。第一，动力电动化的新进展，也就是电动车革命；第二，能源低碳化的新要求，这就是新能源革命；最后是系统智能化的新趋势，这是人工智能革命。

【理论知识】

（一）动力电动化的新进展

动力电动化在中国已经进行了 20 年，而锂离子电池的发明实现了蓄电池领域百年来的历史性突破，一定要看到新一代车用动力电池和氢燃料电池等电化学能源系统的产业化是汽车动力百年来的历史性突破。

1. 能源系统产业化实现历史性突破

首先，中国纯电动汽车动力电池的技术创新非常活跃。中国动力电池技术创新的模式已经从政府主导向市场驱动转型。从行业政治运作向企业商业运作的转型。

第二，中国电池材料研究处于国际先进行列。但电池材料创新是厚积薄发的过程，是需要长期努力的。因为我们要平衡比能量、寿命、快充、安全、成本等相互矛盾的性能指标。目前我们的车既能跑 1 000 km，又能几分钟充完电，还特别安全，而且成本还非常低，这在目前是不可能同时达到的。值得一提的是，电池系统的结构创新辅以电池单体材料的改进成为近年来中国动力电池技术创新的鲜明特征。

我们采用工信部的电动车车型数据绘制了中国纯电动车动力电池技术创新活跃图，如图 3–1–1 所示。横轴是电池系统的总能量，纵轴是续航里程。可以看出车载电池包的总能量和相应的续航里程在不断提升，正在向 1 000 km 续航里程迈进。刚开始时三元动力电池还没实现产业化，那时主要是磷酸铁锂电池，所以续航里程偏低。后来体积能量密度高的三元电池工业化解决了，车载电池能量大幅增加，电动轿车市场开始启动，续航里程增加了，但还不是特别高。近年来，三元电池比能量的提升，受到安全问题的限制没有大幅增长，所以行业转向电池系统结构创新。

动力电池技术路线图

动力电池的技术发展主要可以分为高能量和性价比两条路线，化学体系的迭代是动力电池行业发展的核心

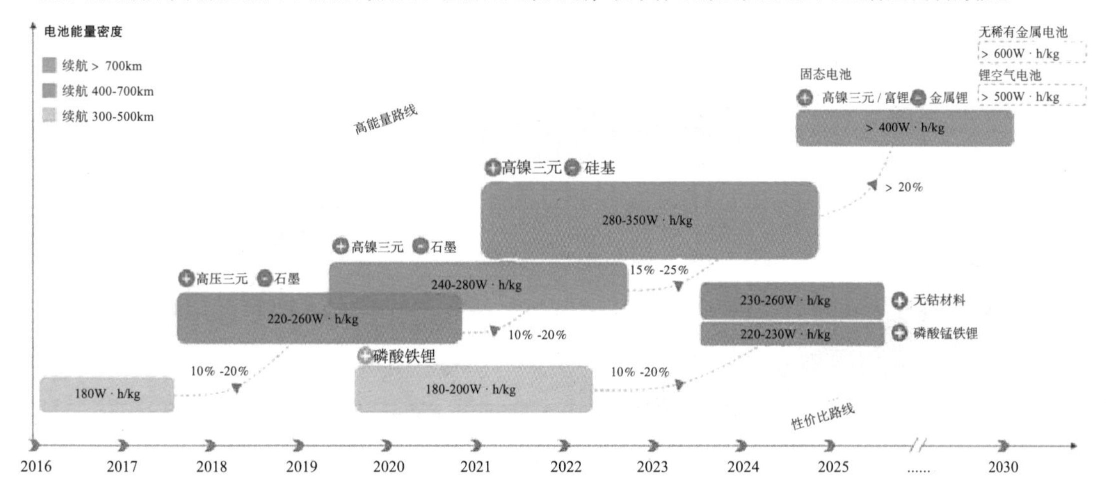

图 4–1–1　中国纯电动车动力电池技术创新活跃图

近年来通过补锂、添硅，还有固液混合电解质等做了一些改进。目前三元方形电池能量密度可以达到 300 W · h/kg，采用固液混合电解质的软包电池可以达到 360 W · h/kg，相当于方形电池的 320 ～ 330 W · h/kg。现在磷酸铁锂电池补锂、添硅后，也突破 200 W · h/kg。对于乘用车而言，关键是提升电池系统比能量，让轿车的有限空间内可以装更多的电池。电池系统结构从原先标准的 355 模组和 590 模组，进一步到宁德时代的 CTP 无模组系统，尤其是比亚迪的刀片电池无模组系统，通过电池结构创新大幅提升成组效率，单体到系统比能量打折的比值，从原先的 0.4 提升到了 0.6，也就是说单体到系统的体积成组效率从 40% 增加到 60%，提升了 50%，这是一个巨大的变化，使原来装磷酸铁锂电池的轿车续航里程不够长的问题基本得到解决，续航里程可以做到 600 km。近期国轩又推出 J2M，就是电池卷芯直接到模块，这些都是中国企业做的，是我们中国电池行业引领国际电池技术发展的一个重要标志。

进一步向前发展，可能还有电池包直接作为底盘的结构件（如刀片电池包）或者单体直接到车辆等。虽然 1 000 km 续航并不是我们追求的主要目标，但电动汽车的能量需求肯定还是要上升的。如近期出现的冬天低温续航里程“缩水”问题，实际上也是一个能量问题。当然更重要的是提升整车集成的技术水平，也就是电动汽车的节能水平。为什么低温续航里程“缩水”会这么大？首先是电芯性能在低温下的下降，同时制热比制冷能耗更大；其次是动力系统效率的降低，如制动能量回馈功能基本丧失，滚动阻力也增大了；最后是里程估计的精度下降，这也容易引起顾客的“里程焦虑”，体验不好。

2. 技术创新及改进方向

总体来看，中国电动汽车环境适应性技术需求迫切，这也给技术创新及其改进的方向提出了新的挑战。

（1）电池的改进

首先，电池热管理系统效能优化，包括 PTC 加热器、热泵空调、电机激励加热等。目前 PTC 加热需要进一步改进，云端控制提前预热、热泵空调在低温下的效能需要进一步增强。电机激励加热是电机静止时通过电机线圈和电池组成回路对电池加热，这也是一个很好的方案，但噪声较大，加热速率 3 ℃ /min 不算高。现在有改进技术，可以提升加热速度到 8 ℃ /min。

第二，面向冬季工况的动力系统能量综合利用，包括回收电机运行的废热，进行电池加热，另外无法回馈的电可以用于 PTC 加热。

第三，充电场景下电池的插枪保温和脉冲加热。目前大家回家充电才插枪，充完电就拔掉，但是后续为了有序充电，插枪并不一定充电，是到后半夜才充电。另外还有车与电网互动（V2G），往电网回馈电，就是反向充电，这些都要求充电桩一直跟车保持相连，这就为插枪保温带来方便，也就出车之前提前 30 min 用电网电对车加热。此外具备双向充电功能的快充桩，可以对电池进行脉冲加热。这方面技术创新比较活跃，低温续航“缩水”问题会逐步得到缓解。

还有一个动力电池的热安全问题也还没有根本解决。电池热安全问题本质上是电池自生热连锁反应引起的电池热失控（温度失控）。总体来看中国动力电池安全问题研究早，热失控科学和技术研究走在世界前列。

（2）安全保障技术

安全是所有汽车追求的永恒主题，不要指望换一种新电池后所有的安全就彻底解决，安全都是相对的，都是由安全技术保障的。主要是本征安全、被动安全和主动安全三方面安全保障技术。

所谓本征安全就是从单体电池的热失控机理着手，从材料层次进行热设计，从设计和制造的角度保证安全。所谓被动安全就是在某一个单体电池热失控以后，通过系统热管理，即隔热和散热的方法，抑制它在电池包内蔓延的速度保持不燃烧状态，现在法规要求是 5 分钟，将来会提升到 30 分钟。中国的领先企业已经发布不燃烧的电池包产品，是很重要的技术进展。主动安全就是电池智能管理与充电控制，如利用云平台和电池大数据进行热失控提前预警，这是我们整车企业必须掌握的核心技术。领先的厂家已经完全可以做到，现在正在推广普及之中。

（3）氢燃料电池技术现状与趋势

经过长期的艰苦努力，中国车用燃料电池技术近年来取得了产业化突破。氢燃料电池技术比锂离子电池技术研究的还要早，经过 20 年的研究，经历了一些曲折，但近年来取得了重大突破。

数据统计显示现在的性能跟 5 年前相比，所有主要的性能指标都有大幅的提升，如核心指标燃料电池寿命提升了 300%。国产燃料电池零部件的产业链已经建立，系统集成能力大幅增强，头部企业正在形成，这就是目前的状态。下一步的重点就是要使燃料电池系统成本 10 年内下降 80% 以上。系统成本要从 2020 年的 5000 元 / 千瓦下降到 2030 年的 600 元 / 千瓦。总体来看，价格下降应该是完全可以预期的。但燃料电池汽车不仅需要燃料电池系统成本降低，很重要的是车载储氢的成本，这个成本预计比燃料电池下降会相对慢一些。现在国内已经投产塑料内胆碳纤维缠绕的 700 大气压车载高压储氢瓶。因为刚开始生产，目前成本是很高的。预计到 2025 年储 1 千克氢的氢瓶成本为 3 000 元。主要材料成本来自碳纤维，现在中石化已经建立了大型的高强度碳纤维工厂来解决这个问题。

2025 年的目标是推广 5 ~ 10 万氢燃料电池车，2030 ~ 2035 年实现 80 ~ 100 万辆应用规模，这都是以商用车为主体。在这个情况下，氢需求量到 2030 年大概 300 万吨左右，可能比我们的预期低。这还是按商用车为主体预测的，如果主要是轿车，几十万吨就够了。但加氢站的数量可能比我们的想象要多。因为加氢效率比加天然气要低，氢是最轻的一种气体，只是天然气密度的 1/8。当前氢燃料电池汽车的发展还面临一些挑战，比如：氢燃料产业链自主化程度与技术水平和燃料电池还有差距，电解绿氢技术、氢储运技术、氢安全技术还需要改进提升，氢燃料的成本总体偏高，这是今后 5 ~ 10 年必须努力解决的。

总结比较一下各种汽车的动力。如果基于化石能源来看各类轿车油井到车轮的能效，三种电动汽车的动力比传统汽油车都要高很多，但是基于化石能源的纯电动、燃料电池与油电混合动力能效差别不大。既然如此，如果基于化石能源，油电混合动力其实是非常合理的选择，为什么非要使用纯电动和燃料电池汽车呢？这就必须从下一个革命的角度来看待这个问题，这就是能源低碳化的新要求。

（二）能源低碳化的新要求

国际公认第三次能源革命有五大支柱：第一，向可再生能源转型；第二，集中式转向分布式，建筑都变成微型发电厂，2024 年北京市开始推进光伏发电高质量发展；第三，用氢气、电池等技术存储间歇式能源，因为可再生能源是间歇波动的；第四，发展能源互联网技术，把分布式能源链接起来；第五，电动汽车成为用能、储能并回馈能源的终端。

所以电池、氢能和电动汽车是新能源革命的重要组成部分。中国的光伏和风电在全球是有优势的，现在已经具备更大规模推广条件，但是储能是瓶颈，需要靠电池、氢能和电动车解决。逻辑上来讲，只有实现新能源汽车大规模发展才能实现新能源革命，只有实现新能源革命才能实现中国“碳中和”目标。

1. 可再生能源——风能和光能

有待开发的可再生能源主要是风能和光能，能源载体是电能和氢能。电能是光伏、风机转化来的。光伏也是一个革命性技术，现在市场上规模销售的硅基太阳能电池效率在 22% 左右，在我国西部光照条件好的地方大规模光伏发电的成本都在 0.1 元左右。下一步硅基光伏会和钙钛矿进一步结合，把可见光和近红外光都用上，可以进一步把效率提升到 30% 以上。钙钛矿出现 10 年已经产生突飞猛进的进步，从 10 年前的效率 3% 到现在实验室已经接近 30%，它和现在的单晶硅结合再做成复合的光伏电池。国际能源署认为光伏将是综合成本最便宜的能源，所以现在技术创新非常活跃。

2. 可再生能源——氢能

可再生能源只有电和氢能两个载体。面向“碳中和”前景，氢能汽车只是氢能利用的一部分，或者说是先导部分，氢能不仅仅是为了汽车，发展氢能汽车的使命之一就是为了带动氢能全面发展。因为交通行业对氢价格的容忍度最好，以后还有炼钢、化工，发电，大型燃气轮发电机组也是要用氢的。

图 4-1-2　氢燃料电池是新能源汽车的未来之光

氢能目前主要通过电解水制得。电解水制氢和燃料电池恰巧是一个逆过程。氢和氧结合生成水，发出电，但是有电和水就可以产生氢气和氧气，所以把燃料电池成本降下来也可以带动把制氢成本降下来，这是一个问题的两个方面。现在主要有三种燃料电池，也就有三种主要制氢方式。碱性燃料电池对应碱性电解，质子交换膜燃料电池对应质子膜电解，固体氧化燃料电池对应固体氧化物电解，它们的技术成熟度各不相同。现在成熟的、中国有价格优势的是碱性电解技术，正在进行商业化的是质子交换膜电解技术，5 ~ 10 年后质子交换膜电解技术可能会大规模发展起来。正在发展的未来一代是固体氧化物电解技术，因为它的效率极高。可再生能源制氢成本和可再生能源电价密切相关。目前张家口风电制氢电价为 1 度 0.15 元，氢的电耗成本 1 千克氢约为 7 元。

此外还有很多氢的载体，如液氨，做尿素的氨，它的质量储氢比可以达到 17.8%，体积储氢密度更高，100 升可以做到 12 千克，比液氢要高 1 倍以上，液氢大概 100 升能够到 6 千克。所以国际上也有所谓的氨经济、氮循环等很多新的概念。氨可直接用于化肥和塑料橡胶等产品和发电，分解出氢后又可以用于更多方面。制氨的过程是先电制氢，然后再捕捉空气中的氮，氮和氢结合生成氨，可以用传统的工业催化合成氨，现在正在发展电催化合成氨新技术。

3. 可再生能源——电制合成燃料

在欧洲，尤其是德国用的可再生能源电制合成燃料。电制合成燃料可以是各种各样的，如汽油，但是我国说的“液态阳光”主要指的是甲醇。电制氢，氢加二氧化碳可以合成甲醇，再以甲醇为中间产物合成二甲醚等。或者氢与一氧化碳组成的合成气通过费托工艺生成中间产物合成油，再改质异构生产汽油等最终产品。这条技术路线燃料使用端不用建基础设施,但是生产端要建大量的基础设施,生产1升油需要2.9 ~ 3.6千克二氧化碳，如果从空气捕捉耗能是比较大的。但是作为燃料燃烧使用时二氧化碳又回到大气了。如果用于氢燃料电池，还要从甲醇再重整反应获得氢和二氧化碳，这种情境下，甲醇实际上是作为氢的储运方式。

所以需要对基于可再生能源进行全链条的能效分析。据壳牌公司的研究报告，充电电动车能效大约为77%，氢燃料电池车能效大约为30%。因为电制氢效率约为60%，燃料电池能效为50% ~ 60%，两者相乘约为30%，而纯电动汽车基本上没有这个过程，是最简单、最直接的。还有利用电制合成燃料继续采用内燃机汽车则是13%。如果电价相同，总体能效的差别大体就是成本差别，对可再生能源而言主要不是节能和排放问题，而是成本问题。所以能用充电电池做好的事一般不用氢燃料电池。但是还有很多应用场景用充电电池是不行的。

（三）系统智能化的新趋势

制氢用的电价有没有可能比充电的电价更便宜呢？这是有可能的。这就需要我们了解系统智能化的新趋势——人工智能革命。

再生能源系统为主的能源系统必须要有储能装备，还要有提供基础电源的大型发电机组，大型发电机组现在用化石能源，将来用氢或者液氨等。基于可再生能源的智慧能源系统里，负荷、电源、储能和网络协同互动，电价是由系统的能量流和信息流耦合动态过程决定的。如果从环节上看，将来可再生能源的主要成本可能不一定在发电环节，而可能在储能等其他环节。因此，储能是关键。

从储能的功率和存储的时间看，电池是中小功率短周期存储。它与分布式光伏匹配还可以，但对有些大规模风电厂就不一定合适了。如本月有风、下月没风等场景，这时主要要靠氢。氢是大规模长周期储存，所以这两种储能必须组合才能构成一个总的储能系统。

【拓展内容】

1. 电池储能技术

现在受到电动汽车市场拉动，动力电池需求大幅上升。乐观估计，2025 年中国电池的产量可能会达到每年 10 亿千瓦·时。以锂离子电池为代表的动力电池正在成为分布式短周期小规模可再生能源储存的最佳选择。

如果经过 10 多年发展到 1 亿辆充电电动汽车，车载电池总能量就达 50 亿 ~ 60 亿千瓦·时，储能潜力巨大。同时，充电的功率也巨大，但耗电量并不是很大，这是值得注意的特征。

如果 3 亿辆中国乘用车全部改成纯电动车，每辆车平均用电 65 千瓦·时，那么车载储能的容量约为 200 亿千瓦·时，与中国每天消费的总电量是相当的。如果 10% 的电动车 3000 万辆车按照 50 千瓦的中等速率同时充电，那么充电总功率就是 15 亿千瓦，与全国电网总装机功率相当。电力系统功率全都要给电动车充电了，这是不可能实现的。那么按平均每辆轿车年行驶 2 万千米，3 亿辆车每天消费电量大约是 20 亿千瓦·时，占比总消费量的 10%，这是完全可以接受的。

大规模电动汽车推广的优点是储能潜力巨大，问题是充电功率也巨大。要趋利避害，首先利用储能潜力来抑制电网的波动。据国家发改委能源研究所研究报告，北京到 2030 年总电力负荷在 1500 万千瓦到 3300 万千瓦之间剧烈波动，如果有 500 万辆电动车的储能作用，电网负荷波动范围缩小为 2000 万千瓦到 2200 万千瓦之间。但是如果有 6 万辆车同时用 350 千瓦从电网充电，则充电总功率超过 2000 万千瓦，几乎相当于北京电力的总负荷。所以必须通过有序充电、车与电网双向充电、储能放电、换电池和充换电一体化等智能充电方式将充电功率大幅收窄。

对于商业目的的乘用车，如共享车、出租车，原则上来讲换电是一个不错的商业模式。不过换电的最佳场景可能还是电动中重卡车。这种中重卡车可以使用充换一体化快速能源补给站，轿车超级快充和中重卡车快速换电，两者合建。中重卡车所需的电池容量大大超过轿车，换电的备用电池包可以给轿车放电，提供快充，形成互补。最终的形态将是“光—储—充—换”多能互补的微网系统。

（1）卡车换电技术

目前卡车换电已经在国内开展，在一些特殊场景，如港口和煤矿都已经做得不错了，现在要在高速公路实现。这种换电只需三五分钟，车电分离、电池租赁，电池由电池银行持有，大的电池银行电池用电量大，负荷预测准，可以在电力交易中拿到低电价。同时大量购买电池也可以压低电池价格。另外全生命周期管理电池，可以使电池寿命增长、梯次利用。

现在的关键是标准法规。目前轿车换电的标准法规比较难推行，因为各种车品牌不一样，诉求不相同。但是相对而言卡车问题不大。

另外换电本来是因为充电慢、充电不方便等原因兴起的。对轿车快充大家肯定还有疑虑。对私家乘用车而言，基于车网融合和大功率快充技术的发展前景以及电池底盘一体化设计趋势，更看好的还是充电。私家车平时在家或者在单位慢充（单位建慢充桩的潜力还完全没有挖掘出来），还可以车网互动，现在国家电网电动车服务公司正在示范车网互动，通过国网电动的后台调度系统，志愿者的车既可以充电买电又可以放电卖电，卖电高价、充电低价，用电费用可以基本平衡，甚至还可以赚钱。也就是说买了电动车之后，将来能源费用会趋于零甚至盈利。

（2）超快补电措施

在高速公路长途行驶时必须有一个超快补电的措施。在什么情况下超快补电合适？一般而言，安全事故都是在电池电量 80% 以上出现的，很少发现 50% 电量以下发生安全事故。这从电化学机理可以解释。在电量充满的时候正极材料的锂离子大部分都跑出来了，结构稳定性最差。锂离子嵌入负极后，电池膨胀导致内应力加大，内短路隐患容易发生。还有充满了之后电池组的不一致性暴露，如果管理不好，个别电量低的单体电池就有可能已经过充析锂了。在电量低于 50% 时这些情况一般都不会发生。而应急补电肯定是在低电量时进行的，而且只补电不充满。

2020 年中电联公布了中日两国合作制定的大功率快充新标准——超级充电标准，中电联预计 2025 年可以全面提供超充服务。研究表明，对一个续航里程 600 千米的车 5 分钟应急补电充 200 千米（也就是电量增加 1/3）是完全可行的。但要注意对一个续航里程 200 千米的车用 5 分钟充满，一般做不到，除非它采用特殊负极的快充电池，如钛酸锂负极。其次在应急补电快充时温升快，要进行增强冷却。还有在冬天低温条件下必须先加热再快充，充电站的低温脉冲加热技术，可以做到每分钟升温 8 摄氏度。

2. 氢能——集中式可再生能源大规模、长期存储的最佳途径

氢能是集中式可再生能源大规模、长周期存储的最佳途径。理由如下。

第一，能源利用的充分性。氢能大容量、长周期储能模式对可再生电力的利用更充分。有些电力电池储不了，如四川的季节性水电，只有氢能储得了。所以制氢的电价比充电的电价便宜是有可能的。

第二，规模储能的经济性。氢能比电池的经济性好，车下固定储氢大概比储电成本上大约要低一个数量级。

第三，与电网基础发电电源的互补性。氢能可作为大容量、长周期、高功率的灵活能源使用，如用于燃料电池发电，或者用于大型氢燃气机发电。大电网不可能全是风电、光伏。德国能源转型早，可再生能源比例高，由于当时储能技术不成熟，只能保留大部分传统发电机组作为灵活能源用于调节和稳定电网，实施双保险措施，导致电价很贵。现在靠储能可以把传统机组规模降下来，但是不可能降得很低，必须要有基础电源，这时氢可以发挥重大作用。

第四，氢的制、储、运方式灵活。我国的大规模集中式可再生能源基地在新疆、内蒙古、宁夏等西部偏远地区，这些地方的氢能需要 1000 千米以上的长途运输。同时绿氢的输送通道和特高压电输送通道是重合的，发挥超高压输电的中国优势，开展长

途输电当地制氢也是一种选择。这两类方式从储能角度没什么太大差别，关键是谁的经济性更好。初步分析比较发现长途输电当地制氢方案总体看是有一定优势的。按电力专家介绍的特高压 1 000 千米输电成本为 0.08 元 /（千瓦·时）为基准计算，当可再生能源发电成本为 0.1 元 /（千瓦·时）左右时，可以大致实现加氢枪出口价格 30 元 / 千克左右的目标，与柴油比具有价格竞争力。这样一来就形成一种具有中国特色的长途输氢方案，而且利用了我国的能源互联网优势。

展望一下未来 10 年交通智慧能源生态的建设大概有两个组合。一个黄金组合，就是分布式光伏 + 电池 + 电动汽车 + 物联网 + 区块链；还有一个白银组合，集中式的远距离的风电与光伏 + 氢能储能及发电 + 燃料电池汽车 + 物联网 + 区块链。一个是分布式智慧能源，一个是集中式智慧能源，两者结合，共同构成面向“碳中和”的未来智慧能源大系统。

100 多年前的第二次能源革命引发了马车到汽车的大转型和石油行业的大繁荣。主要的转型期从 1900 年开始，大概经历了 25 年左右。现在第三次能源革命就在眼前。与上次马车到汽车的转变类似，今后二三十年交通装备与能源化工相关产业将发生百年未有之大变局。让我们共同迎接第四次工业革命，以可再生能源为基础的绿色化和以数字网络为基础的智能化的新能源时代。

任务二　集装箱能源管理系统应用

锂电池集装箱储能柜是一种将锂电池储能系统集成到集装箱中的设备，用于储存和释放电能。它结合了集装箱的便携性和储能系统的高能量密度，提供了高效可靠的能源储存解决方案。锂电池集装箱储能柜具有以下特点和应用。

（1）高能量密度：锂电池具有较高的能量密度，能够在小体积和轻重量的集装箱中提供大容量的电能储存，适用于需要大量储能的场景。

（2）可移动性：集装箱储能柜具有集装箱标准尺寸，轻松实现运输和安装，方便迁移和临时应用。它可快速部署，适用于临时能源需求、紧急供电等场景。

（3）多功能应用：锂电池集装箱储能柜可以与可再生能源系统、微电网、智能电网等结合，实现供能平衡、峰谷填平、备用电源等功能，提高能源利用效率和供电可靠性。

（4）能量存储和峰值削峰：锂电池集装箱储能柜可以存储电能，应对能量需求高峰，削峰填谷，在高负荷需求时提供电力支持，减轻电网负荷并降低电费成本。

（5）可持续能源应用：锂电池集装箱储能柜与太阳能光伏系统或风力发电系统相结合，可实现可再生能源的稳定供能，促进可持续能源的应用和碳排放的减少。

总之，锂电池集装箱储能柜通过将锂电池储能系统集成到集装箱中，提供了灵活、高效、可靠的能源储存和利用解决方案，适用于各个领域的能源管理和供电需求。它是推动能源转型和可持续发展的重要技术之一。

【背景描述】

【微信扫码】
集装箱能源管理系统应用

【案例导入】

南澳燃煤电厂跳闸特斯拉电池“瞬间”出手解救送出 100 MW 电力

2017 年 12 月 22 日，位于南澳维多利亚省的一个燃煤发电厂意外跳闸，瞬间从电网中损失 560 MW 电力，并导致电网频率下滑至 49.80 Hz（正常值为 50 Hz）。此时特斯拉储能电池在 140 ms 内向国家电网输送了 100 MW 电力，解救了此次紧急情况。

如果当下立刻打开紧急发电机，也需要等 10 ～ 15 min 才能启动运行。若等另外发电厂送电，需要 0.5 ～ 1 h 才能重新启动，而特斯拉储能电池竟在 140 ms 内向国家电网输送了 100 MW 电力，且这座电池厂距离发电厂近 1 000 km 远。特斯拉电池的响应速度甚至比澳洲市场能源运营商的数据采集纪录还要快。那么，为何如此之快？其中采用了怎样的储能技术和能量管理技术呢？

图 4-2-1　集装箱式储能发电站

【理论知识】

在能源革命中，储能技术在电力领域的应用得到各市场主体的重视。储能技术的发展对解决风能和太阳能等可再生能源大规模接入、多能互补耦合利用、终端用能深度电气化、智慧能源网络建设等战略问题具有重要意义。目前，各类储能工程应用中抽水蓄能电站所占比例最大，而电化学电池储能技术以其灵活、快速、无特殊场地要求的特点，成为最具发展潜力的储能方式。随着新一代锂电池材料的迅速发展，以及电池技术的进一步提高，使得锂电池在储能方面的应用有广泛的空间。集装箱式电池储能系统具有技术成熟、大容量、可移动、可靠性高、无污染、噪声低、适应性强、可扩充、便于安装等优点，所以集装箱储能系统作为电力系统的储能电源，是未来储能的发展方向。

（一）电化学电池储能电站

电化学电池储能电站（battery energy storage station，BESS）是采用电化学电池作为储能元件，可进行电能存储、转换及释放的电站。电站可以由若干个不同或相同类型的电化学电池储能系统组成。电化学电池储能电站利用基于电力电子技术的功率变换系统（power conversion system，PCS）实现储能电池与电网的能量交换。通过在电站功率变换系统应用不同的控制策略，电化学电池储能电站可为电力系统的安全稳定运行、高质量供电提供有力支撑，如削峰填谷、调频调压、降低新能源引起的功率波动、应急保障供电等。

1. 电化学电池储能电站的技术特点

储能技术种类繁多，电化学电池储能技术仅是其中一大类。除此之外，储能技术还有机械储能、电磁储能、热储能以及化学储能四大类。由于所采用的原理不同，这些储能技术拥有不同的技术特点。

机械储能的应用形式主要有抽水蓄能、压缩空气储能和飞轮储能。抽水蓄能已在电力系统中得到重要的应用，其储能容量大，适用于系统的削峰填谷、频率调节。但该技术对储能电站厂址要求严格，难以直接为城市的供电提供储能服务。压缩空气储能具有同样的局限性，目前在国内应用较少。飞轮储能能够存储的能量较小，造价成本较高，但响应速度较快，多用于工业和不间断电源中，适用于配电系统运行。

电磁储能主要有超级电容储能、超导储能等。这类储能技术无能量形式的转换，故充放电速度极快，可适用于对功率响应速度要求较高的应用场所。但能量密度相对较低，造价成本相对较高。

热能储能技术利用高温化学热工质，将能量以热能的形式存储在隔热容器中，可以存储的能量相对可观，能量转换效率较低，且容易受到场地的限制，目前较少在电力系统中应用。

化学储能则是利用多余的电能制氢或合成天然气进行存储。需要释放存储能量时，又需通过化合反应将能量转换至电能。这种技术下，能量存储、释放的全周期效率较低。

相对于上述四类储能技术，电化学电池储能技术的综合性能相对较好，可适用于较多的应用场所，是装机规模仅次于抽水蓄能的储能技术，且保持着较快增长。电化学电池储能在采用模块化集成技术后，可方便地进行容量的扩展，储能站规模可至上百兆瓦，适用于电网侧储能应用的需求。以锂电池为代表的电化学电池储能载体比能量高，亦可应用至用户侧储能。电化学电池储能技术充放电速度较快，可达到毫秒级别，既能削峰填谷，又可快速响应电网频率动态。电化学电池储能中采用电力电子技术以实现并网，电力电子装置的灵活可控性则使储能电站能够根据系统需求改变其外特性，进而能够更好地为系统提供支撑。此外，电化学电池储能电站对厂址的要求相对较低，可适用于城市供电。若该技术的经济性能得到进一步的提高，其在电网侧将得到更大规模的应用。

2. 电化学电池储能电站的基本结构

电化学电池储能电站中，依据各主体部分功能的不同，可分为储能单元、功率变换系统以及监控与调度管理系统三大部分。如图 4-2-2 所示为电化学电池储能电站结构示意图，其中储能单元由储能电池组以及与之对应的电池管理系统组成，功率变换系统由储能变流器与对应的控制系统构成，监控与调度管理系统包含中央控制系统和能量管理系统（energy management system，EMS）。

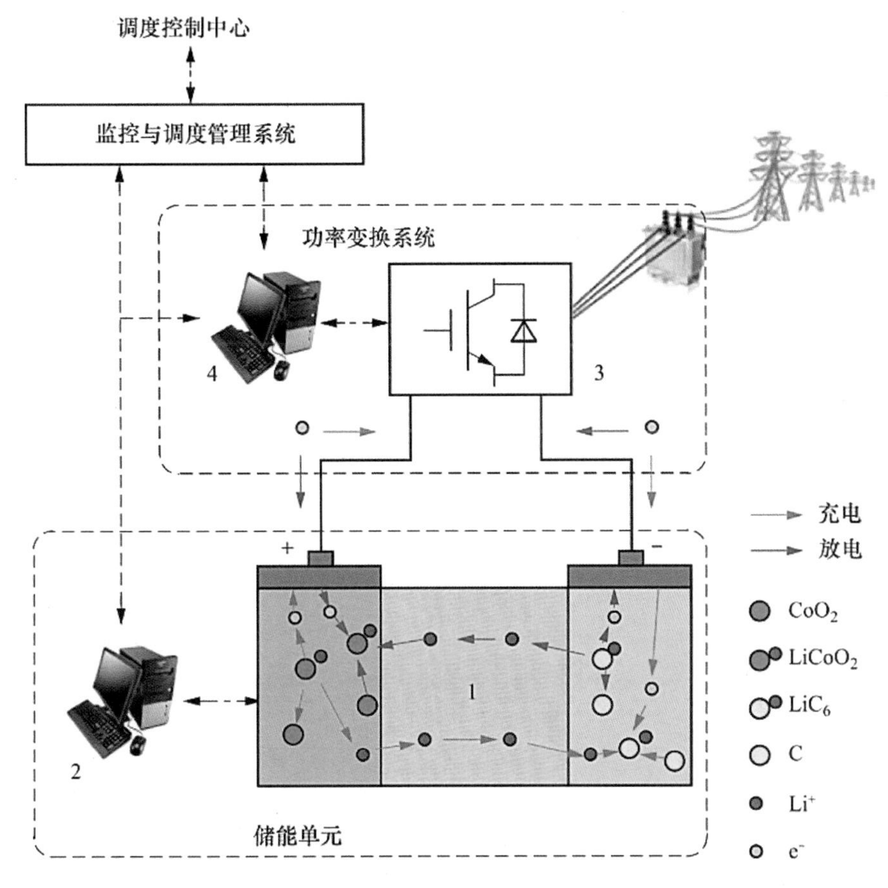

1—储能电池组；2—电池管理系统；3—储能变流器；4—变流器控制系统

图 4-2-2　电化学电池储能电站的基本结构

（1）储能单元

在电化学电池储能电站中，电化学电池是基本的储能载体。多个单体电池（cell）通过必需的装置（如外壳、端子、接口、标志及保护装置）装配组合构成了电池组（battery module），电池组中电池的状态受到电池管理单元的监测并反馈至上一级系统。电池组与电池管理系统的有机组合构成了电站中的储能单元。储能单元的简化示意图如图 4-2-3 所示。目前，工程实际中，电池储能单元一般设计为集装箱安装形式，并配以空调实现电池运行环境的可靠调节，如图 4-2-4 所示为某电池储能电站工程现场中集装箱内储能单元内部的安装示意图。

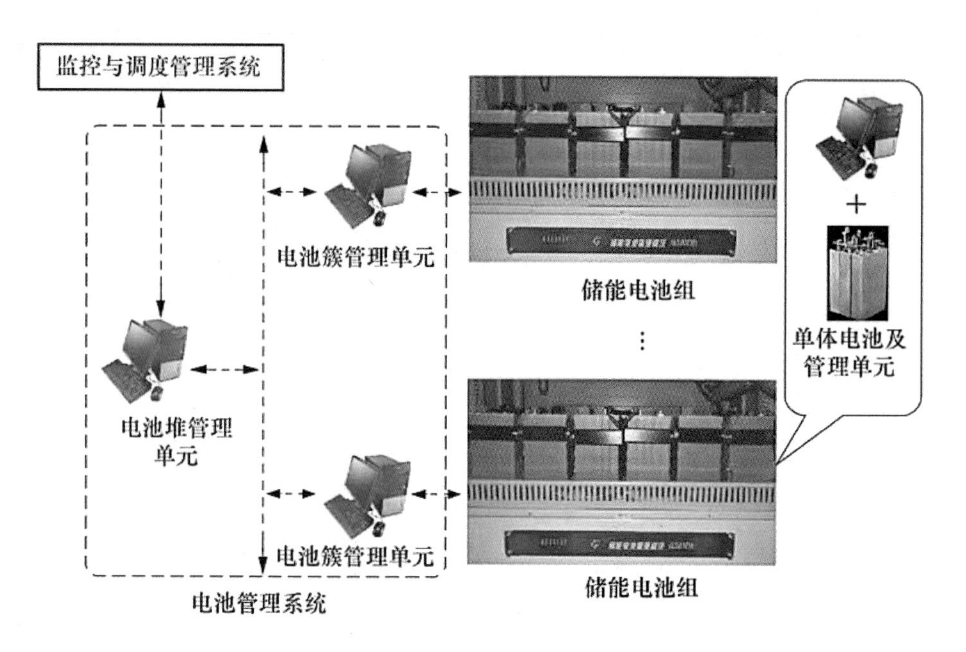

图 4-2-3　储能单元结构示意图

图 4-2-4　集装箱式储能单元安装示意图

电化学电池作为能量存储的载体，是电站中的核心元件。随着电化学技术的进步，不同种类的电池被开发并商业推广。当前主流的电化学电池储能电池主要有铅酸电池、锂离子电池、液流电池和钠硫电池等，这些电池的性能和经济性各不相同。受安全性、能量密度、循环寿命和成本等因素的影响，实际工程中不同类型的电池适用于不同的应用场景。不同电化学电池储能电池的特性比较见表 4-2-1。

表 4-2-1　主要电化学电池储能电池的特性比较

性能指标	锂离子电池	铅碳电池	液流电池（全钒、锌溴）	钠硫电池
比能量（W·h/kg）	75~250	30~60	15~85	150~240
比功率（W/kg）	150~315	75~300	50~170	90~230
循环寿命（千次）	2.5~5	2~4	2~10	2~3
系统成本［元/（千瓦·时）］	2500~4000	1250~1800	2000~6000	2000~3000
用电成本［元/（千瓦·时）］	0.9~1.2	0.45~0.7	0.7~1.2	0.9~1.2
充放电效率（%）	85~98	80~90	60~75	70~85
安全性	过热爆炸危险	铅污染	全钒比较安全，锌溴有溴蒸气泄漏风险	钠泄漏风险
优点	比能量高、循环性能好、充放效率高、环保	循环性能好、度电成本低、可回收	一次性好、可靠性高、寿命长、规模大	比能量大、高功率放电
缺点	成本高、不耐过充过放、安全性需提高、低温性能差	比能量小、场地要求高	维护成本高、能量密度低、自放电严重	工作温度高、过度充放电时很危险

在上述电化学电池储能电池中，锂离子电池以其长寿命、高能量密度、高充放效率而突出，目前在多种应用领域都比较具有优势，在全球现有装机容量中远超其他电化学电池储能技术。特别是磷酸铁锂、钛酸锂技术以及未来先进负极技术、电解质技术的发展，锂电池技术在储能市场中将具有更重要的地位。但锂离子电池热稳定性相对较差，存在一定的安全隐患。如何克服锂离子电池热失控引发的安全风险是锂离子电化学电池储能进一步发展的重要技术挑战。铅碳电池是在传统铅酸电池的基础上对负极活性材料进行改进而成，其性价比优势显著，但铅容易造成环境污染。液流电池循环性能好，容量和功率可独立调节，电池安全性能高，适合规模化储能，但也存在维护成本高、能量密度低与自放电现象严重等缺陷。钠硫电池性能较好，在国外已有成熟应用，日本在这一技术领域走在世界前列。总的来看目前尚未出现单一电池技术能够完全满足循环寿命、可规模化制造、安全性、经济性和能效五项关键指标。

储能单元中电池管理系统负责监控电池电量与非电量状态信息（温度、电压、电流、荷电状态等），对电池运行状态进行优化控制及全面管理，并为电池提供通信接口和保护。如图 4-2-5 所示为电池管理系统主要的功能。

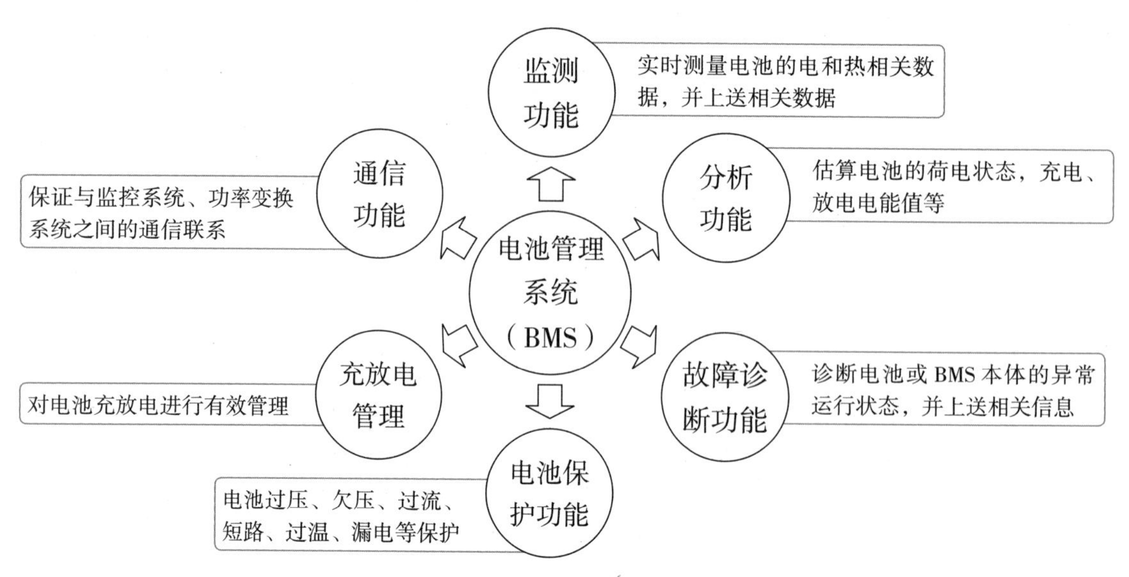

图 4-2-5　电池管理系统主要功能示意图

（2）功率变换系统

功率变换系统是与储能电池堆配套，连接电池堆与电网，把电网电能存入电池堆或将电池堆能量回馈到电网的系统，主要由变流器系统及其对应的控制系统构成。变流器系统利用全控型电力电子器件的开通和关断对直流侧电压进行载波调制，实现对其交流侧电压的有效控制，进而控制电能的双向流动。实际工程应用中，功率变换系统可能采用不同的拓扑结构，如一级变换拓扑型、二级变换拓扑型、H 桥链式拓扑型等。不同的拓扑结构拥有不同的优缺点，适用于不同的应用场景。

（3）监控与调度管理系统

储能电站的监控与调度管理系统是整个储能系统的控制中枢，负责监控整个储能系统的运行状态，保证储能系统处于最优的工作状态，如图 4-2-6 所示为某储能电站监控与调度管理系统示意图。储能电站监控系统是联结电网调度和储能系统的桥梁，一方面接受电网调度指令，另一方面把电网调度指令分配至各储能支路，同时监控整个储能系统的运行状态，分析运行数据，确保储能系统处于良好的工作状态。

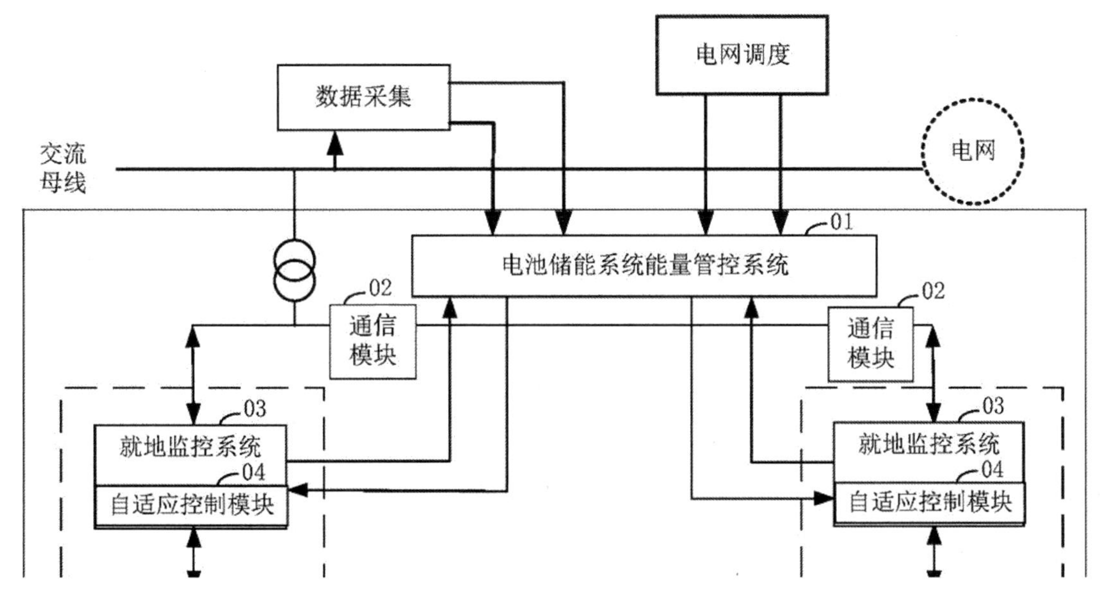

图 4-2-6　电池储能电站监控与调度管理系统示意图

储能电站监控系统的主要功能有数据采集与监视控制、诊断预警、全景分析、优化调度决策和有功无功控制。监控系统通过对电池、变流器及其他配套辅助设备等进行全面监控，实时采集有关设备运行状态及工作参数并上传至上级调度层，同时结合调度指令和电池运行状态，进行功率分配，实现相应的控制策略和控制目标。

3. 锂离子电化学电池储能工程现状

目前以锂离子电池为能量载体的储能电站在各类电化学电池储能技术中是全球拥有最大的装机规模。美国电科院在 2008 年已经进行了磷酸铁锂离子电化学电池储能系统的相关测试工作。在 2009 年，美国 A123 Systems 公司与 GE、AES 公司合作在宾夕法尼亚州将 2 MW 的 H-APU 柜式磷酸铁锂电化学电池储能系统接入了电网，后来又将兆瓦级磷酸铁锂电化学电池储能系统分别接入了加利福尼亚的 2 个风电场。而后日本、韩国、智利等国家相继在电网中建设了规模较大的锂离子电化学电池储能电站。

中国是锂离子电池生产大国，以比亚迪公司为代表的电池企业十分注重锂离子电化学电池储能的电力应用技术。2008 年，比亚迪公司开发出基于磷酸铁锂电池储能技术的柜式储能电站，并于 2009 年 7 月在深圳建成我国第一座磷酸铁锂离子电化学电池储能电站。

部分国内外锂离子电化学电池储能电站工程应用项目见表 4-2-2。2019 年长沙市电化学电池储能电站示范工程并网成功，将锂电化学电池储能电站在电网中的应用推向新的高度。该电站建设总容量为 60 MW/ 120 MW・h，共分为 3 个接入点，具体分布如表 4-2-3 所示，其中芙蓉变储能电站为全国首个规模最大的室内布置电化学电池储能电站。如图 4-2-7 所示为湖南省长沙市榔梨储能站的俯视图。

表 4-2-2　国内外典型锂离子电化学电池储能电站工程项目

安装地点		应用功能	储能电站规模	投产时间
国外	美国俄勒冈州 Salem	提高配电系统可靠性、削峰填谷	5 MW × 0.25 h	2012 年
	美国加利佛尼亚州 EI-kins	平滑风电场输出功率，辅助出力爬坡	32 MW × 0.25 h	2011 年
	智利阿塔卡玛 Copiapo	备用电源、辅助调频	12 MW × 0.33 h	2009 年
	智利安多法加斯达 Mejillones	备用电源、辅助调频	20 MW × 0.33 h	2011 年
	日本宫城县仙台变电站	备用电源、改善系统稳定性	40 MW × 2 h	2015 年
国内	深圳	改善电能质量	1 MW × 4 h	2010 年
	辽宁锦州塘坊风场	提高风电接纳能力	5 MW × 2 h	2011 年
	张北风光储能示范工程	平抑新能源波动	6 MW × 6 h	2011 年
	江苏镇江电化学电池储能项目	削峰填谷、延缓新建机组	101 MW/ 202 MW · h	2018 年
	河南电网电化学电池储能示范工程	削峰填谷	100 MW/ 100 MW · h	2019 年
	长沙电化学电池储能示范工程	削峰填谷	60 MW/ 120 MW · h	2019 年
	南通 10 MW · h 分布式储能示范项目	削峰填谷	10 MW · h	2016 年

表 4-2-3　长沙市电化学电池储能电站示范工程各子站工程

工程名称	建设规模
榔梨变储能电站	24 MW/ 48 MW · h
芙蓉变储能电站	26 MW/ 52 MW · h
延农变储能电站	10 MW/ 20 MW · h
总计	60 MW/ 120 MW · h

图 4-2-7　长沙市榔梨变储能电站俯视图

2016年，中天储能科技有限公司自主研发的500 kW·h集装箱储能系统调试完毕，发往德国，如图4-2-8所示。该项目为光、储发电交流侧耦合并网项目，利用能量管理系统对电网、负载、光伏、储能等实现实时采样、监控，实现光/储智能控制管理和分布式电能智能化调节等功能。此系统设计为500 kW·h储能系统，分为两个舱室，分别为电池室和电力室，具有模块化设计、维护便捷，拥有智能化人机界面、智能化温控系统、自动安防系统等优势。该系统能用于填补企业工厂用电负荷波动，平缓电网电能输入，减少客户因超额用电带来的巨额电费。

图4-2-8　中天科技集装箱式储能系统

（二）中天集装箱式储能系统关键技术

1. 集装箱储能系统电池成组技术

以500 kW·h集装箱式储能系统为例，其电池系统设计拓扑结构如图4-2-9所示，由电池单体串并联为电池模块、电池模块串联成电池簇、电池簇并联而成。电池系统通过动力线缆连接至能量变换装置，通过能量变换装置实现对外部设备的充放电，并通过电池管理系统实现对电池系统信息采集、监视、控制及运行管理等。

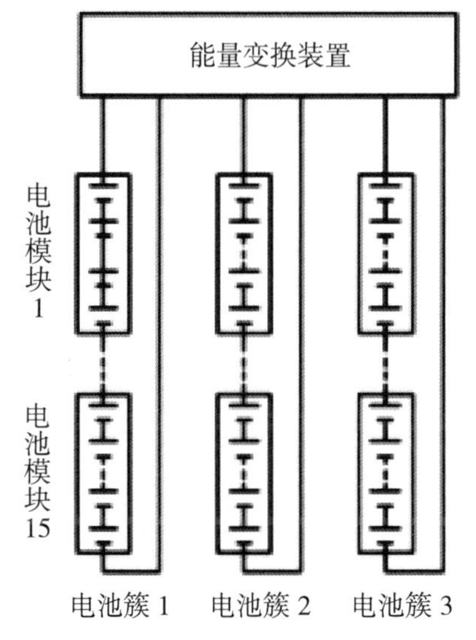

图4-2-9　电池系统拓扑结构

（1）电池单体

电池单体容量对储能系统能量密度、电池组一致性、电池系统运行管理等均存在较大的影响。以容量40 A·h磷酸铁锂电池（天津产）和155 A·h磷酸铁锂电池（江苏产）为例进行对比分析，其中40 A·h磷酸铁锂电池单体额定电压为3.2 V，额定充放电功率为64 W，额定能量为128 W·h；155 A·h磷酸铁锂电池单体额定电压为3.2 V，额定充放电功率为 248 W，额定能量为 496 W · h。两种容量磷酸铁锂电池单体基本参数见表 4–2–4。

表 4–2–4　不同容量电池单体

电池容量（A·h）	电压（V）	尺寸（mm）	重量（kg）
40	3.2	27 × 148 × 134	1.05
155	3.2	45 × 174 × 184.5	3.06

500 kW · h 储能系统电池系统配置参数见表 4–2–5。电池单体容量为 40 A · h 时，电池系统所需的电池单体数量为 4 320 只，电池系统总体积为 2.31 m^3，总质量为 4 536.0 kg；电池单体容量为 155 A · h 时，电池系统所需的电池单体数量为 1 080 只，电池系统总体积为 1.56 m^3，总质量为 3 304.8 kg。由此可见，对于配置容量相同的储能系统来说，155 A · h 电池单体所占的体积和质量分别为 40 A · h 电池单体的 67.5% 和 72.9%，可以大幅减小电池系统占用空间和质量。

表 4–2–5　电池系统配置参数

电池容量（A·h）	电池数量（只）	容量（kW·h）	总体积（m^3）	总质量（kg）
40	4 320	552.96	2.31	4 536.0
155	1 080	535.68	1.56	3 304.8

（2）电池模块

储能电池模块的成组方式主要有三种，即直接串联、先串后并、先并后串，不同的连接方式会对电池组的可靠性、安全性以及不一致性产生不同影响。其中，直接串联方式电路结构简单，方便安装及管理，但需要采用较大容量的单体电池，且单一电池的损坏将直接影响系统正常使用；先串后并方式有利于系统的模块化设计，但需要对每一块电池进行监测，不利于电池组的均衡管理，对大规模储能系统而言，会极大增加电池管理成本；先并后串方式是目前储能系统用电池模块设计中应用最多的成组方式。

电池模块采用先并后串的成组方式，40 A · h 和 155 A · h 两种不同容量电池的成组设计分别如图 4–2–10（a）和图 4–2–10（b）所示。40 A · h 电池模块成组方式为 8 并 12 串，包含 96 个电池单体，模块电压为 38.4 V，容量为 12.3 kW · h。155 A · h 电池模块成组方式为 2 并 12 串，包含 24 个电池单体，模块电压为 38.4 V，容量为 11.9 kW · h。可见，电池单体容量越小，所并联的电池数量越多，一方面会提高电池组的失效率，另一方面更容易发生并联电池组内的环流，导致电池组不一致性增大。

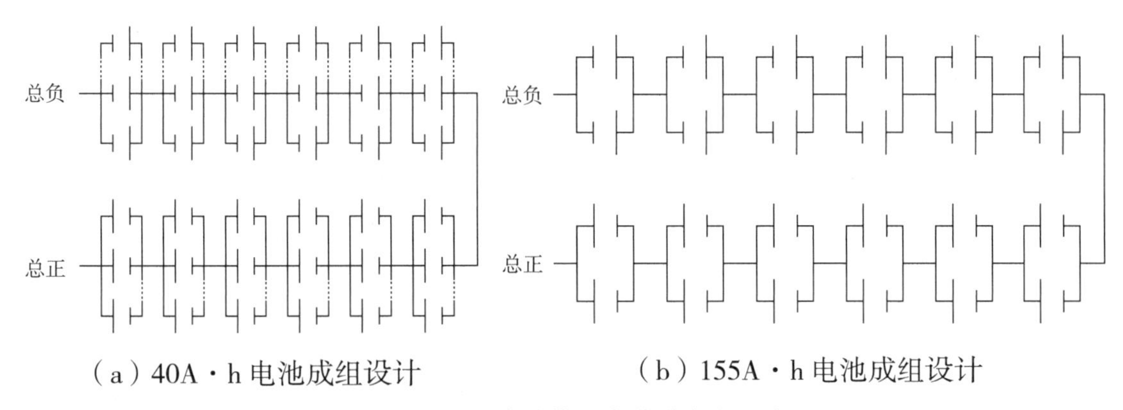

（a）40A・h 电池成组设计　　（b）155A・h 电池成组设计

图 4–2–10　电池模组串并联方式设计

综合考虑，选择 155 A・h 电池单体进行 500 kW・h 集装箱式储能系统电池模块成组设计，电池单体结构如图 4–2–11 所示。如图 4–2–12 所示为电池模块结构设计，电池模块设计主要考虑电池单体电连接设计、电压采集设计和温度采集设计等。其中，电池单体间采用铜排连接，电压采集根据串联电池数量设计 12 组采集点，温度采集设计 6 组热电偶，其分布在电池模块的不同位置。

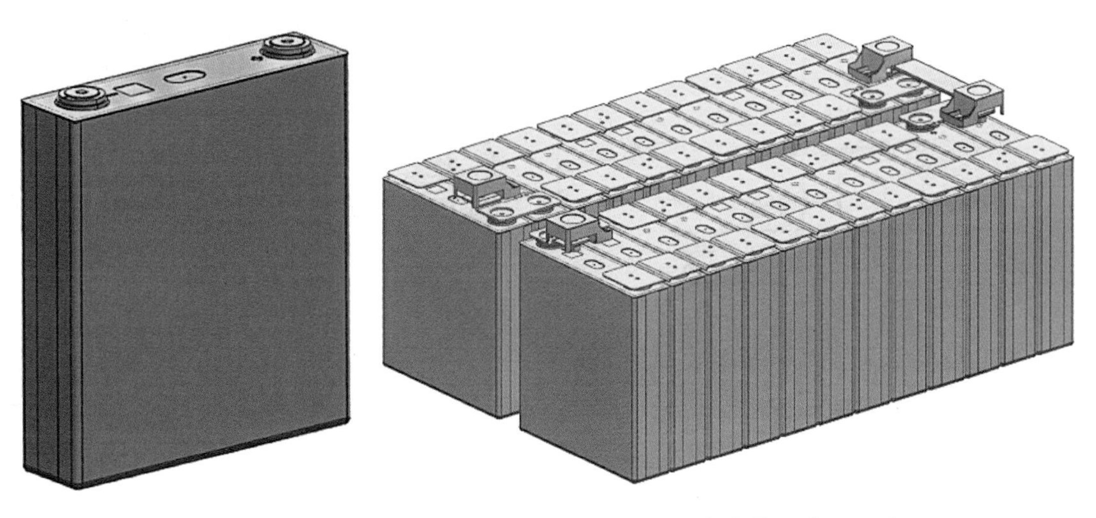

图 4–2–11　155A・h 电池单体　　**图 4–2–12　电池模组成组设计**

（3）电池簇和电池系统

储能系统电池簇通常由多个电池模块串联而成。电池簇电气结构如图 4–2–13 所示，电池簇包含 15 套电池模块串联，额定电压为 576 V，容量为 178 kW・h。第 1 组电池模块正极与高压箱正极连接，负极与第 2 组电池模块正极连接，依次连接至第 15 组电池模块，第 15 组电池模块负极与高压箱负极连接，构成完整回路。

储能系统电池簇结构如图 4–2–14 所示，每个电池簇均由 2 列电池柜组成，每个电池柜有 8 层，电池模块通过螺栓固定在电池柜上，且每个电池模块外壳均与电池架可靠接地。电池模块之间采用航空插头插接的连接方式，拆装方便快捷。

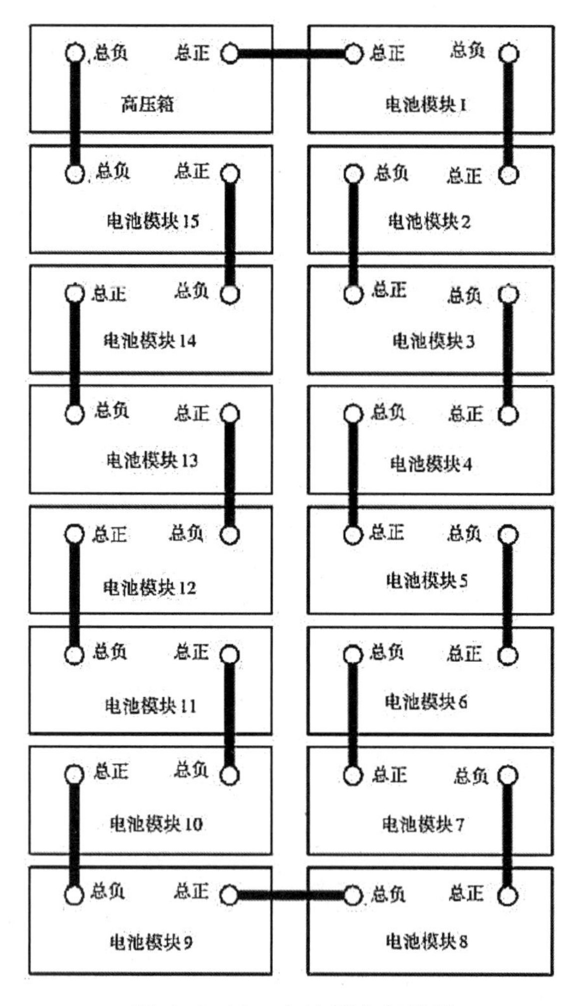

图 4-2-13　电池簇电气设计

图 4-2-14　电池簇结构设计

电池系统由 3 组电池簇组成，电池簇通过动力电缆并联接入能量变换装置，电池系统额定电压为 576 V，系统配置总容量为 535 kW · h，额定容量为 500 kW · h。将电池系统安装固定在集装箱内，通过动力线缆将电池系统正负极分别与储能变流装置正负极连接，即可组成完整的电池系统。

2. 集装箱储能系统热管理技术

集装箱式储能系统电池排布紧密且集装箱环境相对封闭，电池热量容易集聚导致温升过高，影响电池的寿命和使用性能，合理的热管理是集装箱式电池储能系统长期高效、安全、稳定运行的关键。

集装箱式电池储能系统由标准集装箱（12.192 m × 2.438 m × 2.896 m）、锂离子电池系统、电池管理系统、储能变流器、空调和风道、配电柜、七氟丙烷灭火装置等组成，如图 4-2-15 所示。

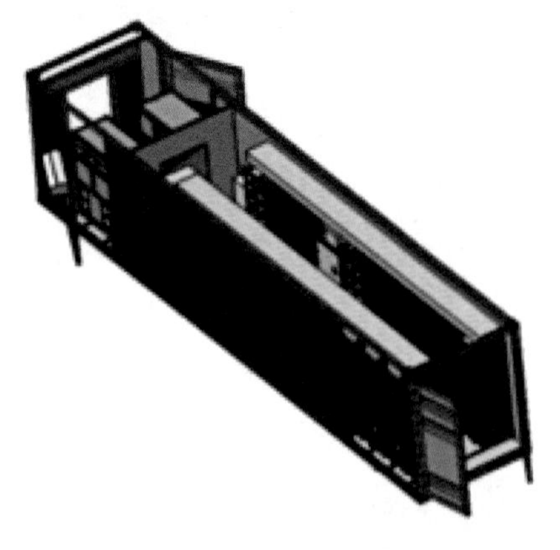

图 4-2-15　集装箱式电池储能系统

1）储能系统热管理系统

散热常用的方式有自然散热、强迫风冷、液冷和相变直冷。其中自然散热效率较低，且集装箱内空间狭小，空气流通不便，难以达到温控要求；液冷和相变直冷技术要求和成本较高，不适合在集装箱式电池储能系统中使用；强迫风冷散热方式采用工业空调和风扇进行制冷，能够满足储能系统的散热要求，且成本在可接受范围内，是目前集装箱式电池储能系统最合适的散热方式。

（1）风道结构设计

集装箱式电池储能系统内部空间狭小，对风道结构设计要求较高。储能系统散热风道结构如图4–2–16所示，风道包括与空调出口连接的主风道、主风道内的挡风板、风道出口以及电池架两端的挡风板，根据集装箱特点左右对称布置。其中主风道用于将空调输出的气流输送至各风道出口处；主风道内的挡风板用于分配各风道出口的气体流量，保证各出口流量一致；电池架两端的挡风板用于防止气流从电池架与集装箱内壁间的间隙逸出。

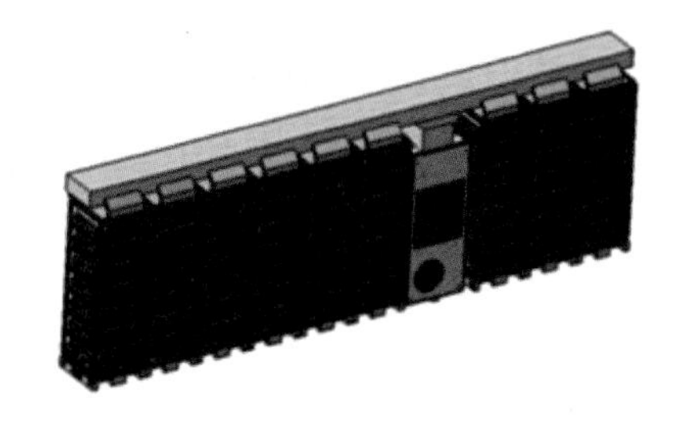

图 4–2–16　储能系统散热风道结构

图4–2–17所示为电池簇内部气体流向，空调输出的气流经风道出口以一定的速度向下流出后，在电池模块前端面板风扇的作用下，从电池模块后端面板进风口进入电池模块内部，流经电池单体表面对电池单体降温，然后由风扇抽出。

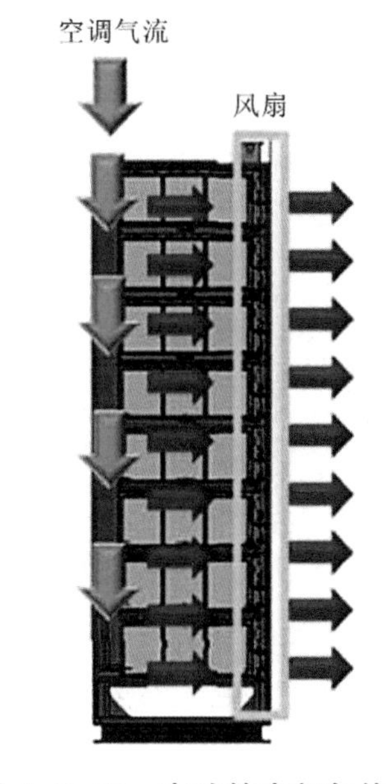

图 4–2–17　电池簇内部气体流向

电池模组外观结构如图4–2–18（a）所示，其后端面板开孔，便于空调输出的气流进入模组内部；前端面板设计轴流风扇，用于将气流抽出，促进气流在电池模组内部的流动。图4–2–18（b）所示为电池模组内部气体流向，电池单体间隙3 mm，气流进入电池模块内部后流经电池单体表面，与电池单体进行冷热交换后由风扇排出，完成对电池单体的冷却。热控系统可以保证空调出风风量损失很小，并充分流过电池表面，换热能效较高。

（a）电池模组外观

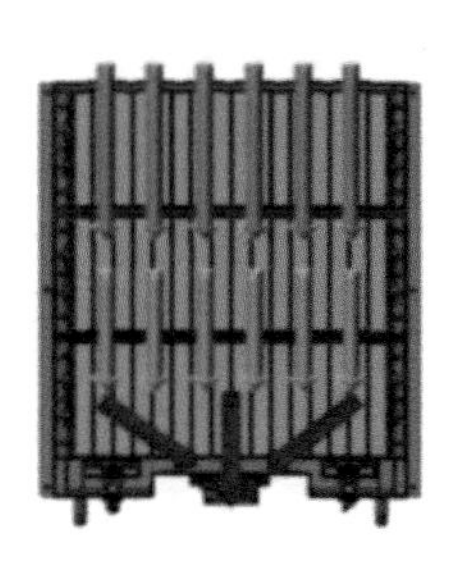

（b）电池模组内部气流流向

图 4–2–18　电池模块散热设计

（2）空调制冷量设计

电池的发热量和集装箱壁面传导入舱内的热量，一部分转化为集装箱舱内设备的温升，主要是电池的温升，另一部分通过电池的散热设计由空调搬运至集装箱外部，该部分热量即空调所需的最小制冷量。储能系统以 1 C 进行充放电后，电池吸收的热量 Q_1 为

$$Q_1=CM\Delta T_1$$

式中：C 为电池比热容，J/（kg·K）；M 为储能系统内电池质量，kg；ΔT_1 为电池平均温升，K。

空调最小制冷功率 P_1 可表示为

$$P_1=k(P_2-Q_1/t_1)$$

式中：k 为安全系数，建议取值范围 1.2~1.5；P_2 为储能系统总冷负荷，W；t_1 为充放电时间，s。

（3）电池模组风扇设计

储能系统运行过程中，电池温度达到一定值后电池模块前面板上风扇启动，用于辅助降温。电池模组散热所需风扇风量 Q_f 为

$$Q_f=\mu(0.05P_2/\Delta T_2)$$

式中：μ 为考虑电池模组内部气流阻力引入的增量系数，建议取值范围 1.1~1.2；P_2 为电池模块发热功率，W；ΔT_2 为电池模组进出风口温差，K。可根据电池模块散热风量要求，确定风扇型号规格。

（4）集装箱舱体保温设计

集装箱保温性能对舱内温度影响较大，集装箱保温性能越差，环境温度对集装箱舱体内温度影响越大。储能系统集装箱保温设计主要考虑舱体的隔热和密封，通过减小集装箱壁面传热和内外空气对流来提高保温性能。隔热方面，集装箱舱体六面均采用厚度 50 mm 的保温岩棉板，岩棉板平均密度为 120 kg/m^3，导热系数≤ 0.044 W/（m·K），阻燃性能 A1 级，可以有效提高舱体保温性能和防火性能。密封方面，集装箱舱体防护等级不低于 IP54。

2）热管理系统控制策略

储能系统温度控制策略包括空调控制和电池模块风扇控制，如图 4-2-19 所示。空调控制由空调自身逻辑控制来实现，根据集装箱内部不同温度条件可分为制热模式和制冷模式，制热模式实现对电池低温下的控制和保护，制冷模式实现对电池温升的有效控制。当集装箱内部温度低于 12 ℃时，空调制热功能开启；当集装箱内部温度高于 28 ℃时，空调制冷功能开启。电池模块风扇由电池管理系统控制，且每一个电池模块的风扇可独立控制运行。储能系统运行过程中，当电池管理系统检测某一电池模块温度高于 33 ℃时，该电池模块风扇启动，至温度回差小于 2 ℃时停止运行。该温控策略可以基于不同工况启动不同热管理控制模式，极大提升了热管理系统的温度控制能力，在实现热管理性能指标的前提下，有效降低了储能系统能耗。

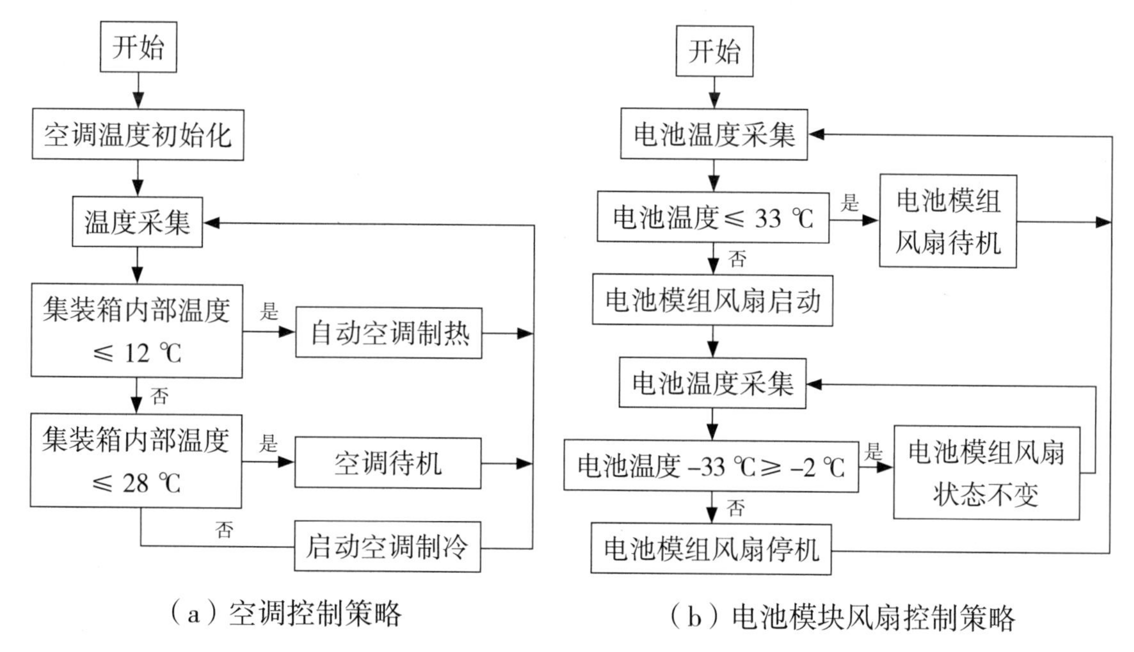

图 4–2–19 储能系统温度控制策略

3. 集装箱储能电站监控与调度管理系统

储能站监控与调度管理系统是全站各独立设备、子系统得以统一、有序、安全、高效运行的重要保障，基于模块化编程理念，具备丰富多样的应用功能，包括数据采集与监视控制、诊断预警、全景分析、优化调度决策和有功无功控制等基本功能，以及电网调频、平衡输出、计划曲线、电价管理等负责电网辅助服务的特殊功能。各功能模块不配置独立装置，在同一系统平台上通过不同的界面进行功能实现，使得系统运行更加灵活高效、管理更加便捷。储能电站监控与调度管理系统是联结电网调度和电池储能电站的桥梁，一方面接受电网调度指令，另一方面把电网调度指令分配至各电池储能单元，同时监控整个电池储能电站的运行状态，分析运行数据，确保电池储能电站处于良好的工作状态。下面主要对电池储能电站监控与调度管理系统的基本构成进行简要说明，并就其设计原则进行讨论。

1）监控与调度管理系统的架构

储能站在电力系统调度中的层级位置与变电站相当，从便于调度体系统一管理角度出发，储能站监控系统对上支持 104 规约、对下提倡 61850 标准体系实现实时远程监控、全站无规转。储能站中大部分数据来自 BMS，而大量的数据为非关键性的运维数据，例如：以典型 1 MW · h 磷酸铁锂电池的 BMS 数据为例，BMS 总数据信息点达到上千个，而关键数据信息点仅为一百多个，为了避免大量的数据占用宝贵的实时数据网络，针对不同的应用场景，存在集中式和分层式的两种监控系统构架。

集中式监控系统将 PCS、BMS、保测装置等数据统一通过 61850 网络上送至监控系统主站，实现统一管理、统一存储和统一调阅。这种构架网络拓扑简单，监控系统成本较低，配置方便，在保证监控主机运行效率和网络数据带宽充裕的情况下，可优先考虑采用。现阶段国内已建、在建电池储能站均采用了集中式架构，运维习惯与常规变电站一致，实用性强。

分布式监控系统构架分为电站监控主机和本地监控两个层级，如图 4-2-20 所示为某实际工程中所采用的分布式监控系统架构示意图。本地监控采集所监视区域(单个仓，或者几个单元)内就地设备（包括 PCS、BMS 等）的详细信息，并进行就地存储。就地层设备和电站监控主机之间的保护控制关键信息可以通过 61850 数据主网络直接交互。电池储能站监控主机通过面向服务的架构（service oriented architecture，SOA）服务总线与本地监控相连，用户可以在监控主站按需调阅本地监控的画面和数据库，实现对详细数据的查阅、监控。分布式监控系统可解决大型储能电站全数据监视和关键数据快速管控的矛盾。在实现全数据监视、存储的同时，减轻了监控主机及关键数据网络的负担，提升了储能监控的运行效率和可靠性。若未来储能站规模较大，可考虑采用分布式架构。

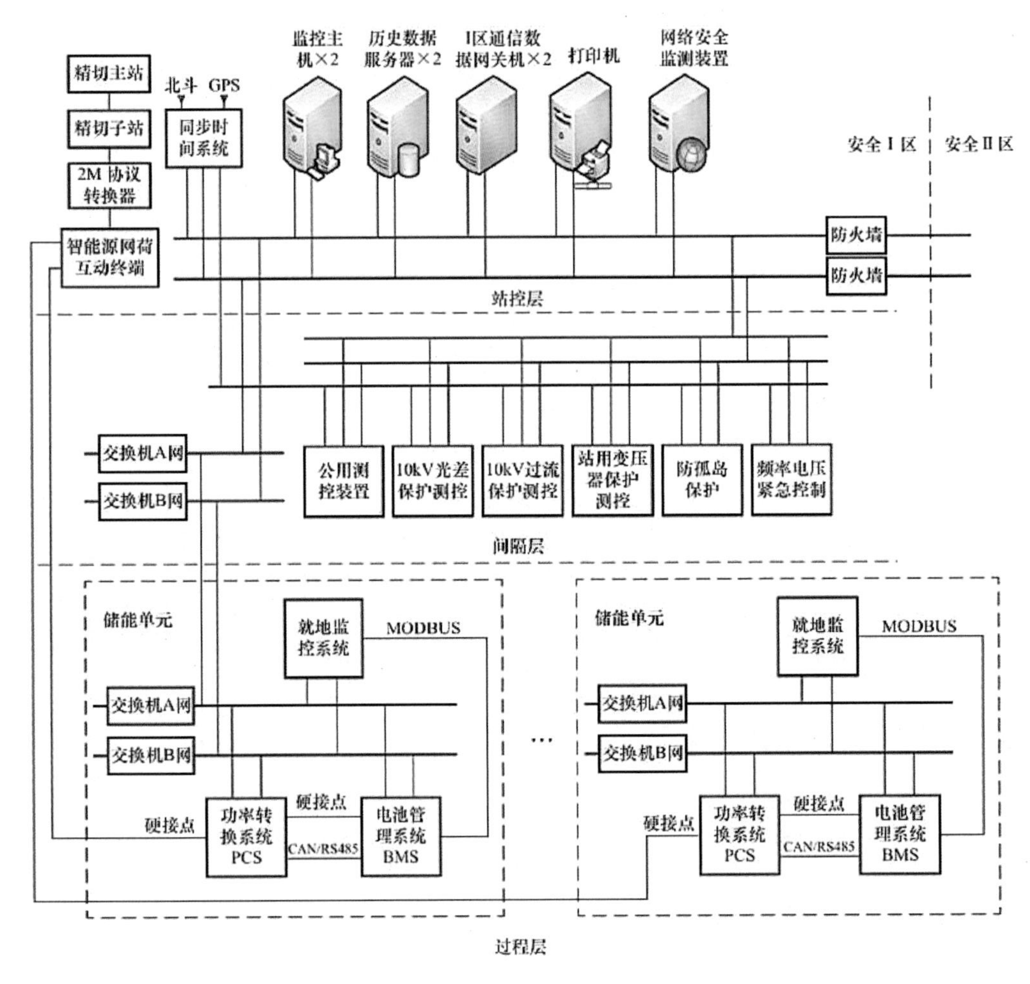

图 4-2-20　电池储能电站监控与调度管理系统架构示意图

2）监控与调度管理系统设计的基本原则

计算机监控系统的结构、功能、设备配置、设备性能应满足和适应电化学电池储能电站各种运行工况及控制流程的要求，同时还应满足不同层次的控制和管理要求。

（1）系统的规划、设计应遵循相关国家标准、电力行业标准、能源行业标准、国网公司企业标准等。

（2）系统的功能和配置应以储能电站一次系统的规模、结构以及运行管理的要求为依据，与储能电站的建设规模相适应，满足储能电站远景预期运行管理的发展要求，确保储能电站的安全、优质、经济运行。

（3）系统应采用开放性的分层分布式系统结构，当系统中任何一部分设备发生故障时，系统整体以及系统内的其他部分仍能继续正常工作。

（4）系统应高度可靠、冗余，站控层主机采用双机冗余结构，站控层网络采用冗余网络，间隔层测控装置、保护装置采用双网、双中央处理器、双电源、双主机架热备冗余配置，确保系统本身的局部故障不至于影响现场设备的正常运行。

（5）系统应采用成熟的、可靠的、标准化的硬件，具有长期的备品备件和技术服务支持。

（6）系统功能软件应配置完善，站控层、间隔层、储能单元层之间功能分配合理，使系统负荷分配均衡，总体性能最佳。软件采用模块化、结构化设计，保证系统的可扩性，满足功能增加及规模扩充的需要。

（7）控制网络应速度快、可靠性高、施工方便，便于后续储能单元接入，储能单元之间相互干扰少。

（8）系统应具有良好的开放性、可维护性与可扩充性。

（9）系统应具有良好实时性，抗干扰能力强，适应现场环境。系统配置和设备选型应适应计算机发展迅速的特点，具有先进性和向后兼容性。

（10）系统应具有功能强大、界面友好的人机接口，人机联系操作方法简便、灵活、可靠，适应运行操作习惯。

（11）系统安全防护的总体原则为“安全分区、网络专用、横向隔离、纵向认证”，以保证电力监控系统和电力调度数据网络的安全。

（三）中天集装箱储能技术发展的关键和经典案例

1. 关键设备技术领先

（1）电池

中天储能三期投产到位后产能达 8 GW。为打造专业储能系统，中天特开出 1 条电池产线专用于承接大型储能项目，具备电芯月产 90 MW·h，电池 PACK 月产 100 MW·h。全年具备 1 GW 储能的配套生产能力。

大型储能项目对应电芯产品为全铝方形电池（图 4-2-21），型号为 2714891，采用磷酸铁锂正极体系，产品主要特色如下：

图 4-2-21　中天科技磷酸铁锂电池

①寿命长，循环超 6000 次（新能源汽车行业质保 3000 次）。

②多极耳端面集流结构，电性能优。

③全激光焊连接，可靠性强。

④扁平结构，热性能优越。

⑤高安全性：通过国家各项强制性检验标准，经国家权威第三方检测认证，钢针刺入、振动、直接短路、加热、跌落、重物撞击等环境下，电池保持安全。

（2）储能变流器（PCS）

北京马池口项目，客户要求无缝切换，其实中天在承担国家重点科研项目（“863”计划）——" 孤岛型智能微电网关键技术研究与示范 " 项目时所研发的 PCS 就已具备这个功能。在户用储能系统中，最重要的就是要能实现无缝切换，而要实现这一功能，PCS 是关键。

中天自主研发了高效紧凑智能微电网储能变流器（图 4-2-22）：基于强制关断策略的并离网无缝切换控制技术（离并网无缝切换时间 10 ms 以内）；零电压穿越功能，保证在电网出现短暂故障时仍然能不脱网连续运行。

图 4-2-22　智能微电网储能变流器

（3）BMS、EMS

BMS 作为电池系统的核心部件，可实时监测、评估电池状态，并提前做好预警。中天自主开发的大型储能 BMS，为保证电芯最优工作状态、延长电池系统使用寿命提供有力保障。

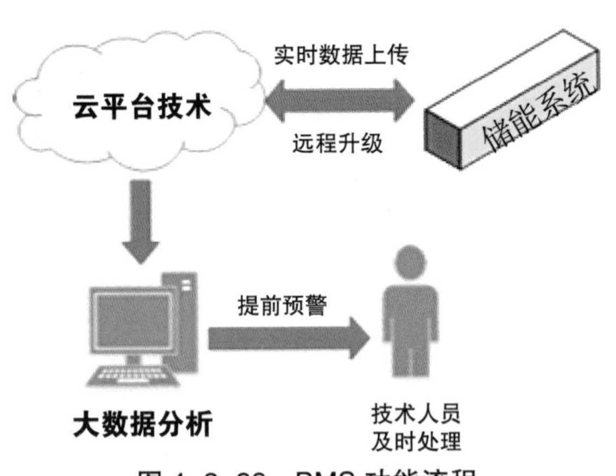

图 4-2-23　BMS 功能流程

EMS 是储能系统的大脑，主要实现能量的合理调度，具有运行优化、负荷预测、发电预测、微源调度、潮流控制等功能。

中天打造行业领先的兼容性、多任务型 EMS，能够接入满足技术标准的各厂家 BMS、PCS 及站内其他高低压智能设备，能够同时实现“继保自动化”“运行策略”“云端管理”多重任务。如图 4–2–24 所示为中天科技电力储能智慧管理平台。

图 4–2–24　中天科技电力储能智慧管理平台

（4）系统

电力储能系统包含多个功能子系统，技术体系横跨多个学科领域，系统设计存在很高的技术要求。中天在这方面进行深入研究，设计了多种集装箱储能系统，拥有不同组织架构满足不同条件需求。系统级设计主要内容如图 4–2–25 所示。

（5）成本控制

500 kW/ 1 MW · h 集装箱储能系统主要部件如表 4–2–6 所示。目前市场上动力电池价格为 1.35 元 /（千瓦 · 时）。根据 500 kW/ 1 MW · h 集装箱储能系统 BOM 清单，按照动力电池的价格推算储能系统价格，按照不同的场景，储能系统价格约为 2.25 ～ 2.5 元 /（千瓦 · 时）。

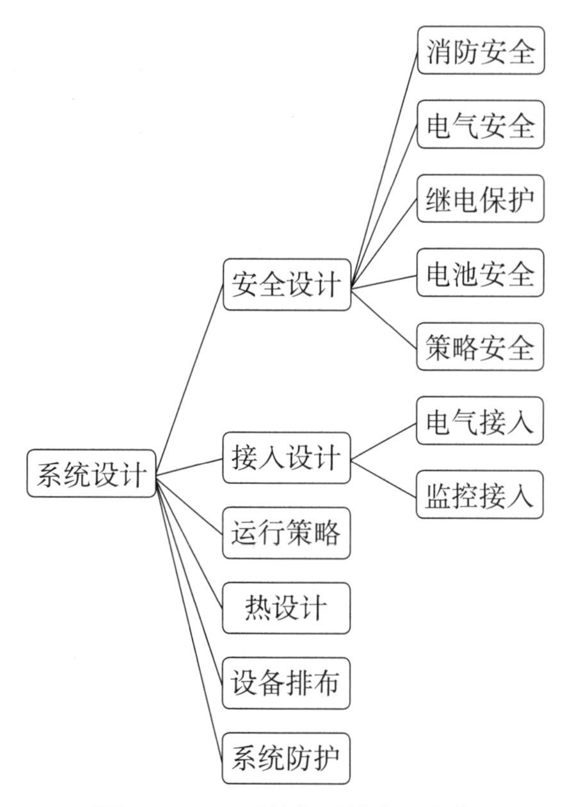

图 4–2–25　系统级设计主要内容

表 4-2-6　500 kW/ 1 MW・h 集装箱储能系统主要部件参数

项目	性能参数	数量
电池单体	62 A・h/ 3.2 V	5760 支
电池管理系统	三层管理架构，1 主 8 从	1
变流器	输出电压 315 VAC/ 50 Hz、额定功率 500 kW、最大功率 550 kW	1
隔离变压器	干式 315 VAC 升 400 VAC	1
能量管理系统	具备本地监控、云端远程监控、电网监控	1
消防系统	七氟丙烷气体自动灭火系统	1
空调系统	英维克 5 kW 工业空调	2
系统尺寸	12 192 mm（L）×2 438 mm（W）×2 896 mm（H）	
系统重量	约 25 000 kg	

如果储能系统用于用户侧，利用峰谷差价盈利，通常电池充放深度为 85%，一般系统转换效率不足 90%，系统投资回收期约为 13 年左右。中天储能电池可实现 90% 深度充放，目前正努力实现 95% 充放，储能系统转换效率达 91.5%，因此投资回收期要大大缩短。

到 2020 年，储能电池比能量若达到工信部对动力电池系统的要求—— 260 W・h/kg，充放寿命达 8 000 次以上，储能完全可以进入良好的商业模式。

储能也会带来其他复利。若在发电侧、源网荷中安装储能，从电网安全角度来讲，其商业模式更注重的就是储能带来的安全保障、深度调峰调频、新能源弃风弃光解决。储能的投资价值就不能单纯从峰谷电价差盈利考虑，电网的着力点还是有效提高电网安全水平和运行效率，民营企业更多的则是从峰谷电价差盈利角度考虑。

2. 中天经典项目案例

（1）协鑫智慧能源（10 MW・h 锂电）分布式储能示范项目（图 4-2-26）

该项目为站房式储能，适用于电网的削峰填谷和需求响应服务，能够很好地满足电网调峰调频、快速响应需求，有效缓解电网夏季高峰用电压力。同时为客户提供备用应急电源，提高该厂的供电可靠性。该项目实现无人值守，并纳入云平台进行管理，通过手机 App、网页等多种手段远程监控。项目于 2017 年 8 月 16 日并网投入运行，到目前为止累计充电量 189.37 万千瓦・时，累计放电量 183.66 万千瓦・时。

图 4-2-26　协鑫智慧能源（10 MW・h 锂电）分布式储能示范项目

（2）华能格尔木光伏产业园直流侧 1 MW · h 储能电站（图 4-2-27）

该项目储能电站接入光伏直流侧，存储弃光“限发”电量、错峰平滑上网获得收益，为行业性“弃光”问题提供了新的解决方案。项目采用特殊设计的集装箱，不受安装现场环境限制，其特殊设计的温控系统保证电池系统在高海拔、高温差地区的高效运行，且系统采用直流侧接入方案易于现有光伏电站的改造。项目于 2018 年 1 月 13 日正式运行，到目前为止累计充电量 4.89 万千瓦 · 时，累计放电量 4.74 万千瓦 · 时。

图 4-2-27　能格尔木光伏产业园储能电站项目现场

（3）中天智能光储充一体化示范项目（图 4-2-28）

该项目是 2016 年 9 月 26 日江苏省经信委批复的示范项目。系统配置既可并网运行，实现削峰填谷功能；又可实现离网式运行，利用光伏发电储能，充电桩利用储能电满足汽车充电需求。项目安装了国网第一块储能计量表，是首个按照国网江苏省电力公司《客户侧储能系统并网管理规定》流程执行的项目。项目配套的能量管理系统，实现了发电、负载、储能系统的数据采集与管控，并与国网省、市电力调度中心数据共享。

图 4-2-28　中天智能光储充一体化示范项目

3. 关于储能电站的思考与建议

（1）规划在先，合理布局，引导储能发展

2017 年 9 月，国网江苏省电力公司发布了《客户侧储能系统并网管理规定》，对用户侧储能并网接入进行了规范。江苏智能电网的改造，也引进储能元素，对江苏健康发展意义十分重大。

江苏是用电大省，550 kV 和 220 kV 的变电站众多，之间肯定存在着发展不平衡。发展储能一定要规划在先，每个变电站下有多少储能，位置可以待定，但储能的规模量（包括发电侧的）都要做合理的规划，避免在特定的地区造成晚间负荷倒挂，打破电网的平衡。

（2）集中式与分布式相结合，注重发电侧储能调峰调频

根据我们跟一些发电厂的交流，江苏电网调度负荷一般在7000 ~ 8000万千瓦左右，电厂满负荷发电在4000 ~ 4500小时左右，利用率仅有50%左右。当电厂进行35%的深度调峰时，发电煤耗在325克/（千瓦·时）左右，随着煤价的上涨等因素电厂甚至出现亏损。

因此，在储能的定位上，电网要侧重于源网荷，以调频调峰为主；发电侧要以集中式储能进行深度调峰、节约煤耗为主；利用峰谷电价差，鼓励民营企业参与分布式储能，在规划的基础下大力发展分布式储能，如江苏光伏领跑基地建议也参照青海风电配套储能装置。

在三个不同层面发展储能时，江苏电网要有主动调峰调频的能力，一些民营企业投资的分布式储能也要纳入其管理体系，民营企业有责任有义务服从电网调峰调频，建立一个储能网络，有效地保障电网总调“一盘棋”，储能作为后备辅助，甚至在技术成熟时可进行自动调度。

（3）政策支持，分布式储能发展

光伏存在着欠补现象，新能源汽车也出现过“骗补”现象，后来补贴退坡，同时要求里程必须达到3万千米才能申请补贴，虽然避免了“骗补”，但对新能源汽车行业的发展影响很不好，企业资金压力很大。

在成本的测算中，我们发现储能目前还属于示范阶段，盈利微乎其微，财务模型不足以支撑其快速推广。目前日本、德国在储能推广方面都采取了扶持政策，从电网角度，出台一些扶持政策，给企业投资储能一些鼓励与帮助，建议如不收或者少收储能所充谷电的电费。在有规划、有扶持，服从调度的情形下，形成一个健康的储能体系，在全国形成一个储能标准示范。

【拓展内容】

电池储能电站消防新技术

为应对储能电池热失控难以抑制的挑战，研究人员提出了各类技术解决方案。以下对部分储能电池消防新技术进行简要探讨。

1. 基于全封闭消防管路的储能电池消防技术

现有储能电池预制舱集中配置的气体消防设施在电池发生热失控到七氟丙烷气体扩散至该区域有较大延时，这个延时可能导致电池的热失控达到无法抑制的程度，进而无法将储能电池火灾风险实现最快控制。电池热失控后内压大于外压并且电池壳体的物理阻隔使灭火剂无法进入电池内部等特点，使得常规灭火剂无法有效扑灭储能系统火灾。此外，电池异常状态有大量放热副反应发生，电池组内部存在热扩散，易造成电池间的热失控连锁反应，使储能系统内的电池燃烧成链状迅速扩展蔓延，并且电池热失控的引发具有隐蔽性，这些造成电池火灾难以一次扑灭，易产生复燃，造成二次火灾。

为了实现对储能电池热失控的快速控制，研究人员提出在电池箱中装设全封闭消防管路的思路。当检测到电池发生热失控时，通过消防管路快速向电池箱内注入灭火剂的方式电池热失控的抑制。如图 4-2-29 所示为该储能技术中所采用的储能电池新型机柜。

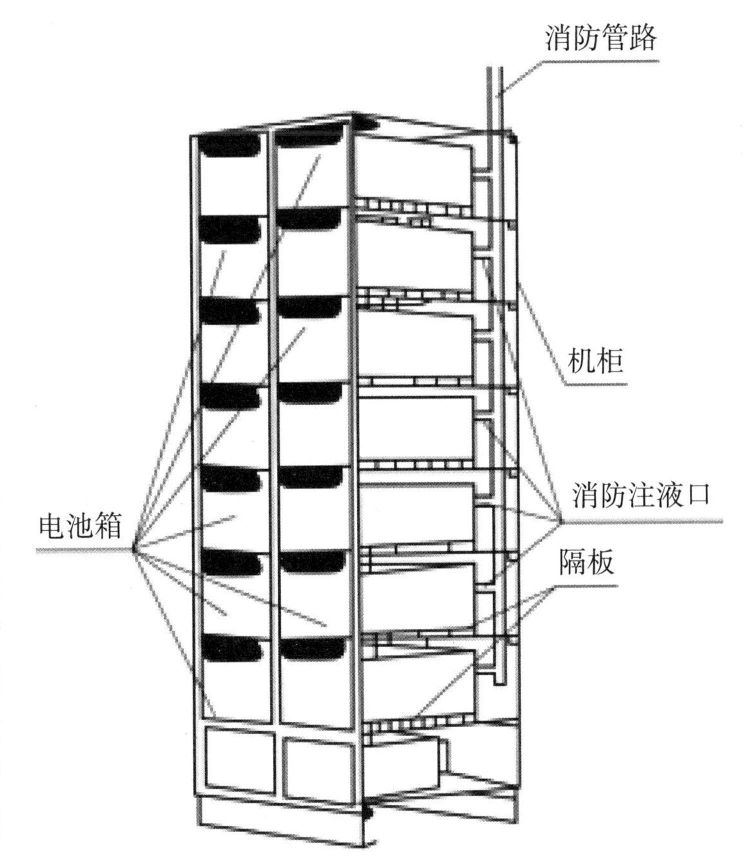

图 4-2-29　具有消防结构的储能电池新型机柜剖视图

该电池储能消防系统正常运行中，当检测到某一电池箱内电池出现热失控风险时，触发连接与机柜消防管路的机构释放存储的灭火剂与复燃抑制剂，灭火剂与复燃抑制剂通过连接于消防管路的消防注液口注入电池箱内，进而扑灭电池箱内明火并使电池无法复燃。

2. 基于物理隔离的储能电池消防技术

目前国内主流的大容量电池储能电站采用的气体消防解决方案中，一般将存储七氟丙烷气体的容器置于储能集装箱中间或两侧，当电池出现热失控现象时，气体释放至有效溶度需要一定的时间，不利于快速防止电池热失控的扩散。此外，电池热失控情况下，出线复燃的概率较大。为应对这些缺点，除上述提到采用封闭消防管路的解决方案，研究人员提出采用物理手段将热失控电池进行隔离的方案，从根本上防止火灾事件的进一步扩大。

如图 4–2–30 所示为该电池储能消防解决方案的系统结构图，包括智能消防主机、人机交互模块、气体探测模块、热失控电池箱分离模块、热失控电池箱实时监测模块和消防灭火模块。其中，智能消防主机用于实现全面监控电池储能系统各电池箱运行状态，并根据预设定步骤与电池箱热失控情况作出相关动作，确保电池储能系统整体的安全运行；人机交互模块用于实现储能消防系统与运维人员的信息交互，包括装置参数设置、装置运行状态、消防告警等信息交互；气体探测模块用于实现电池热失控后泄露气体的探测，以及时发现电池热失控行为；热失控电池箱分离模块用于实现热失控电池箱与正常运行电池箱之间的物理隔离；热失控电池箱实时监测模块主要实现对物理隔离后的热失控电池箱进行实时监测，当监测到电池箱产生燃烧现象则触发智能消防主机执行灭火程序；消防灭火模块主要实现对电池箱的灭火，确保电池箱不产生燃烧现象。

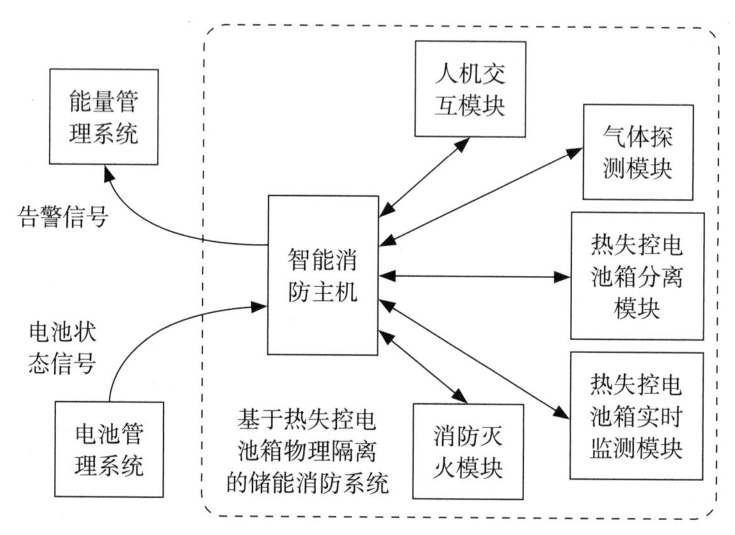

图 4–2–30　基于热失控电池箱物理隔离的储能消防系统结构图

该电池储能消防系统的执行逻辑如图 4–2–31 所示。在正常运行情况下，程序启动后智能消防主机循环分析电池管理系统的电量信息与气体探测器反馈非电量信息，根据这些信息进行综合判断，提前预警是否有电池箱存在热失控风险。在检测到有电池箱存在热失控风险时，根据对对应电量与非电量信息定位该电池箱所在位置，并向上级发出告警信号。而后判断电池的热失控状况是否得到缓解，若是则继续监测该电池箱，并持续跟踪其状态是否恢复正常，在发现其恢复正常状态后系统回到监测全部电池箱电量与非电量信息状态。若是被定位电池箱的热失控状态未能得到缓解，则有智能消防主机触发热失控电池箱分离模块，使被定为电池箱从其电池架上分离，进而使其与其他正常运行电池箱物理隔离。热失控电池箱从机架上分离后，其红外信息被热失控电池箱实时监测模块持续监测，当监测到电池箱发生明火燃烧时，触发智能消防主机启动灭火模块，使用对应灭火剂对电池箱进行灭火操作。若在灭火时间触发后，无人为动作对消防系统进行手动复归，则程序将持续监测分离电池箱是否燃烧，防止其二次复燃。当消防系统被手动复归后，程序恢复到监测所有运行电池箱电量与非电量的状态。

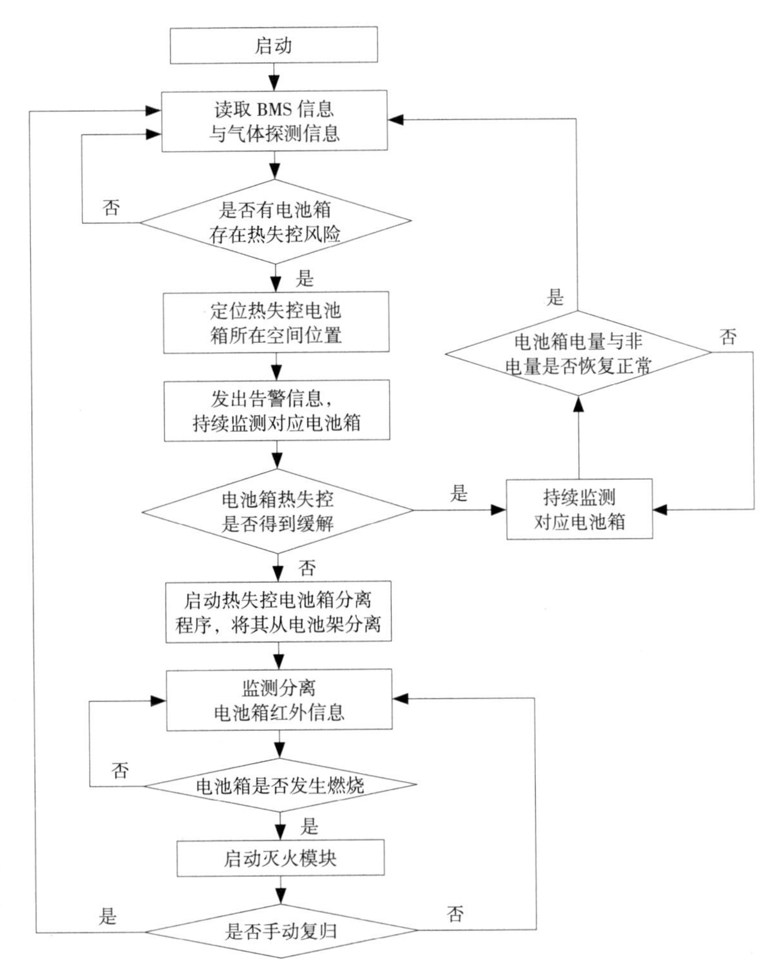

图 4-2-31 基于物理隔离的电池储能消防系统执行逻辑

在这一储能电池消防设计方案中，如何使热失控电池箱实现有效分离是核心技术之一。如图 4-2-32 所示为一种基于集装箱的热失控电池箱分离的方案。较传统集装箱不同，图 4-2-32 中集装箱的侧边根据内部电池箱的安放位置，配套安装了电池箱分离通道闸门，其中闸门的开合收到门控机构的控制。该电池箱分离通道闸门与门控机构共同构成了热失控电池箱分离模块的电池箱分离机构。当智能消防主机检测到有热失控电池箱需从电池架分离时，通过热失控电池箱分离模块的通信单元下发命令，由热失控电池箱分离模块的控制单元执行，通过门控机构将电池箱分离通道闸门打开，电池箱则可通过该闸门移出所处电池架，实现热失控电池箱与其他正常运行电池箱的物理隔离。当电池箱从电池架分离后，对应通道闸门受重力作用，将重新闭合，以防止外部环境对舱内其他电池运行造成影响。

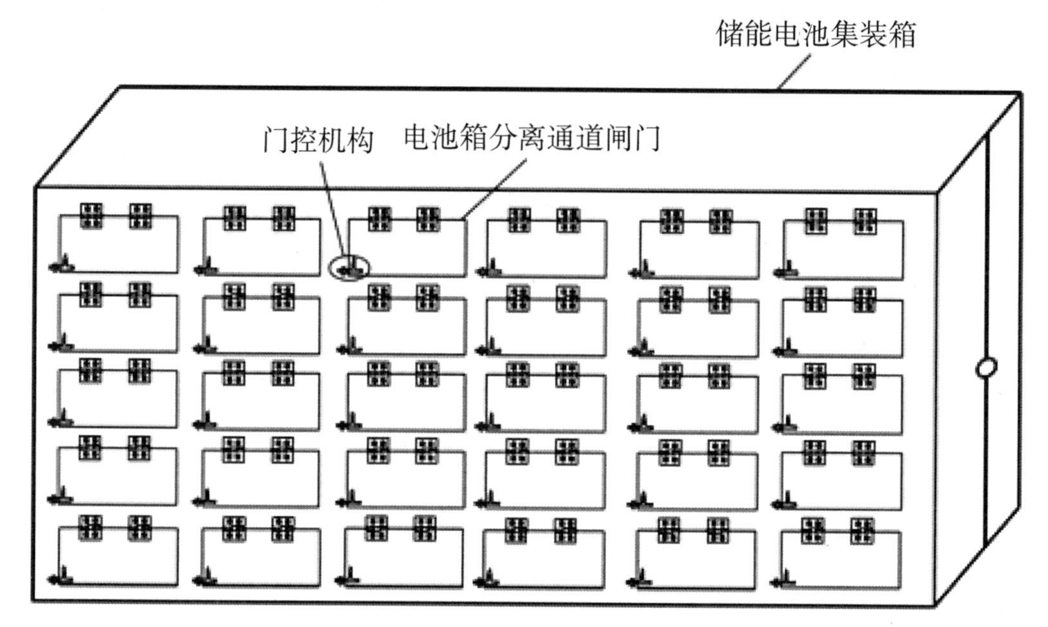

图 4-2-32　适用于热失控电池分离的集装箱设计方案

目前电池储能电站的消防技术仍处于发展阶段，尚未形成行业认可的典型设计方案。从现有国内外电池储能电站运行经验来看，目前各类消防系统还难以做到对电站火灾百分之百的有效防范。电池储能消防设施涉及电站乃至周边设施的本质安全，如何构建一套即具有经济性，又具备有效性的消防系统将是大容量电池储能电站发展的重要研究内容。设计人员需根据国内最新的电池储能消防相关标准进行产品设计。

任务三　电池储能技术在 5G 系统中的应用

电池储能技术在 5G 系统中有着广泛的应用，以下是一些典型的案例。

（1）峰值功率补偿：5G 网络的基站在高峰时段通常需要大量的电能来支持高速数据传输和网络连接。电池储能技术可以作为峰值功率需求的补偿，通过存储低负荷时段的电能，在高负荷时段释放电能，以平衡能源需求，降低对传统电力网络的依赖。

（2）网络削峰填谷：5G 网络中的基站通信需求通常是间歇性的，峰值负载与低谷期之间存在差异。电池储能技术可以储存低谷时段的能量，在峰值负载时段释放电能，以平衡能源供需，削峰填谷，降低能源成本和碳排放。

（3）紧急备用电源：5G 网络往往要求高可靠性和连续稳定的供电。电池储能技术可以用作紧急备用电源，当传统电网发生故障或停电时，提供临时的电力支持，确保 5G 网络的持续运行，避免服务中断。

（4）灵活移动性：5G 技术的应用场景广泛，需要具备灵活的移动性。电池储能技术可以与 5G 设备结合，提供便携式的能源供应，满足移动基站、无人机、移动车辆等特殊应用的需求。

（5）能量管理与优化：电池储能技术可以与智能能源管理系统结合，通过监测、预测和优化能源消耗，提高能源利用效率，降低耗能成本，实现对 5G 网络能源的可持续管理。

综上所述，电池储能技术在 5G 系统中的应用涵盖了节能减排、稳定供电、灵活移动与管理优化等多个方面。随着 5G 网络的不断发展和普及，电池储能技术将在实现绿色、可持续、高效的 5G 通信网络方面发挥越来越重要的作用。

【背景描述】

【微信扫码】
电池储能技术在 5G 系统中的应用

【案例导入】

储能锂电，5G 时代新风口

5G 对于储能产业来说，机遇和挑战是并存的，如电池的安全性。蜂巢能源科技有限公司李刚表示：5G 基站较 4G 基站功耗增长了 2 ~ 3 倍，备电需求也成倍增长，高性价比的梯次电池无疑成为 5G 备电电源的首选，但近年来储能行业安全问题突出，梯次利用更应将安全问题放在首位。中国移动通信集团设计院有限公司研究咨询总监李玉昇表示：在对 5G 网络基站电源的设计时应具备四方面的需求，一是多能源融合，提升供电能力，匹配多业务发展需求；二是智能运维，提高运营效率；三是电源数字化，高密高效；四是电池智能化，发挥电池全生命周期价值最大化。

图 4-3-1　5G 储能基站

【理论知识】

（一）5G 基建背景下的储能技术

新型基础设施建设（新基建）国家战略的提出为我国储能产业的发展提供了重大契机。新基建主要立足信息基础设施、融合基础设施以及创新基础设施三个方面，包括 5G 基站、数据中心、人工智能、工业互联网、特高压、城际高速铁路和城市轨道交通、新能源汽车充电桩七大领域。这七大领域的发展均对供电系统提出了较高要求，高安全、长寿命、高效率、低成本、大规模、可持续发展的储能技术成为新基建发展的重要部分。储能技术直接服务于新基建的特高压、城际高速和城际轨道交通、新能源汽车充电桩、互联网数据中心等领域。在技术驱动下，储能技术支撑着新基建拉动经济社会发展的半壁江山。

我国能源体系正在向“电为核心的能源体系”推进。在未来风电、光电等不稳定电源大规模接入电网的情况下，现有的“发输用”电力系统将升级为全新的“发输储用”电力系统，系统负荷大小可随新能源发电侧的出力而调整。储能技术作为备用电源，是新能源发电、电动车等重要行业的支撑技术，将在越来越多的行业、场景下应用并逐渐占据主导地位。结合新基建发展背景，由于各类储能技术的特点及适用范围各不相同，应用时需结合具体产业发展要求、环境特点等进行考虑。

1. 国家政策

2020 年两会政府工作报告中提到：增强新型基础设施建设，发展新一代信息网络，拓展 5G 应用，建设充电桩，推广新能源汽车，激发新消费需求，助力产业升级。“十四五”时期，可再生能源将作为常规电源予以考核和约束，因此电网调峰需求将进一步增大，配置一定比例的储能将成为主要调节手段。随着国家加快 5G 网络、数据中心、人工智能等新型基础设施的建设进度，互联网进入云 2.0 时代，更多的企业掌握着主动权，在通信领域，储能技术发展的时间节点已经到来。随着 5G 向商业化迈进，国家发展改革委、工业和信息化部印发的《关于组织实施 2020 年新型基础设施建设工程（宽带网络和 5G 领域）的通知》提出，要支持智能电网、工业互联网等领域的 5G 应用工程的建设。

教育部、国家发展改革委、国家能源局《关于印发〈储能技术专业学科发展行动计划（2020 ~ 2024 年）〉的通知》指出，要增强储能核心技术研究和创新水平，培养储能领域人才，保证储能技术的主导地位，推动储能产业尽快达到国际先进水平，以理论和实践相结合促进储能产业高质量发展。

2. 地方规划

新型基础设施主要包括信息基础设施、融合基础设施以及创新基础设施。伴随着技术革命与产业变革，新型基础设施的内涵与外延将不断发生变化。自中央提出新基建以来，国家和地方政府对新基建的政策支持力度不断加大，全国各地的新基建规划与政策相继出台，如表 4–3–1 所示。

表 4–3–1　部分省（市）新基建相关政策

省（市）	政策名称	核心内容	预防措施
上海	上海市推进新型基础设施建设行动方案（2020 ~ 2022 年）	方案涉及四大领域：以新一代网络基础设施为主的“新网络”建设，以创新基础设施为主的“新设施”建设，以人工智能等一体化融合基础设施为主的“新平台”建设，以智能化终端基础设施建设为主的“新终端”建设	初步梳理摸排了未来三年实施的第一批 48 个重大项目和工程包，预计总投资约 2 700 亿元，包括新建 3.4 万个 5G 基站，新建一批科技和产业基础设施，新建 10 万个电动汽车充电桩，新增 1.5 万台以上智能配送终端等

（续表）

省（市）	政策名称	核心内容	预防措施
大连	大连市促进数字经济发展行动方案	加快推进5G商业布局，实现5G网络城镇以上区域全覆盖、典型行业应用场景按需覆盖	明确22项重点工作任务
吉林	吉林省“新基建”“761”工程方案	加快推进七大新型基础设施建设，包括5G技术设施、特高压、城际高速铁路和城际轨道交通、新能源汽车充电桩、大数据中心、人工智能和工业互联网；全力提升六网，包括智能信息网、路网、水网、电网、油气网、市政基础设施网;着力补强1短板，即社会事业补短板	工程从2020年实施，“十四五”期间完成；计划实施项目2188个，总投资10962亿元
江苏	关于加快新型信息基础设施建设扩大消息消费的若干政策措施	文件涵盖四大方面二十九条政策措施，新型信息基础设施建设方面将加快建设5G、大数据中心、新能源汽车充电桩等新型基础设施	2020年计划投资120亿元，新建5G基建5.2万个，优化新一代数据中心布局，实施全省一体化大数据中心“1+N+13”推进工程，形成共用共享、科学合理的全省大数据中心整体布局
广西	广西基础设施补短板“五网”建设三年大会战总体方案（2020 ~ 2022年）	用三年时间努力谋划和强力推进一批“五网”（交通网、能源网、信息网、地下管网、物流网）基础设施项目建设	到2022年全区新建2.2万个4G基站，累计5万个以上5G基站，建设新一代互联网基础设施，全面完成数据中心、业务分发、网络、应用以及用户终端IPv6改造，全面建成物联网，提升工业互联网网络支撑能力
昆明	昆明市新型基础设施建设投资计划实施方案	5G基础设施、人工智能基础设施、工业互联网及物联网基础设施、“智慧+”基础设施、轨道和航空基础设施	包括重点项目394个，总投资10011.8亿元，2020年计划完成投资589.84亿元

3. 通信铁塔

随着2020年的到来，5G技术已经成为经济发展新的增长点，国家也在大力推广5G技术。5G通信技术的室内基带处理单元（building base band unit，BBU）相对前代功能更强，同时功耗也更大。若将5G基站与能源建设设施如分布式光伏与储能相结合，建立“光伏储能+5G通信基站”模式，通过为通信基站网络配置储能电池，形成庞大的分布式储能系统，则可以利用储能系统特性实现基站的削峰填谷，降低基站建设和运营成本。

中国5G基站数量预测如图4-3-2所示。随着储能技术的发展，具有高利用率、小型化等特点的新型储能系统会填补基站储能技术的空白，保证基站供电的稳定性。根据功率的不同，5G基站分为微基站、宏基站两大类。微基站一般直接由市电网直接供电，不设置储能系统；宏基站涉及范围广、基站功率大，一般建设在室外，需要储能系统作为备用电源以保证供电的稳定性。截至2023年底，全国移动通信基站总数达1 162万个，其中5G基站为337.7万个，占移动基站总数的29.1%，占比较上年末提升7.8%。

通信铁塔是移动通信基站的组成部分，具有架高通信天线的作用，是通信信号发射、接收和传输设备的主要载体，是移动通信网完成信号覆盖的重要基础设施。在输电铁塔上搭载通信基站所形成的共享铁塔是一种使电力基础设施获得再利用、节约基站建设成本的新型通信铁塔类型。

通信铁塔较为常见且分布广泛，但共享铁塔在选取时与其所处的位置、地形、塔型等因素密切相关。天线搭载位置需要同时满足天线搭载高度和电气安全距离要求，一般分为塔头段顶部、塔头段身部以及下导线挂点以下。2017年起，共享铁塔技术在云南、湖北等地均有实际应用，220 kV东郭二回线6号塔、云南楚雄市东瓜镇220 kV鹿紫二回线38号塔以及湖北110 kV车伍二回线12号电力塔上均已成功安装通信基站，为共享铁塔技术的后期广泛应用提供了实践经验。尽管共享铁塔可以降低基站的建设成本，但基站建设中保证输电稳定等问题依然存在。

（二）5G基站

1.5G基站预计规模

5G基站分布较广，电力系统难以满足其要求，所以很多基站开始使用储能系统保证持续稳定的电能输送。例如，2017年就有某通信公司使用退役梯次电池建设5G一体化电源，蓄电池在供电系统正常供电时改善电能质量，在供电发生故障时作为备用电源为负荷持续供电，保证设备持续正常的运行。

2019年6月5日工信部出台《关于2019年推进电信基础设施共建共享的实施意见》，提出以提高存量资源共享率为出发点建设5G基站。据工信部原部长李毅中透露，5G基站覆盖全国需要600万座。在中国97%的5G基站计划在已有4G站址上改建，国内现有4G基站约有514万座。

磷酸铁锂电池因具有安装成本低、使用寿命长等特点，备受基站蓄电池的欢迎，并且已经应用于实践。国轩高科全资子公司合肥国轩高科动力能源有限公司与华为技术有限公司（华为）签订了《锂电供应商采购合作协议》，双方将开展锂电领域的战略合作，并已经为华为在海外的通信基站项目实现批量供货。中国铁塔股份有限公司（中国铁塔）2020年以来已在20省（市）发布了24项招标通知，总预算超过8 945万元，多项招标要求采购磷酸铁锂电池。中国移动通信集团有限公司（中国移动）在2020年3月初也发布了1.95 GW · h磷酸铁锂电池的采购订单。

图 4–3–2　中国 5G 基站数量预测

锂电池在4G时代应用于运营站点储能系统，但5G时代通信基站的环境更加复杂，对储能系统的要求更为苛刻。虽然传统锂电可以满足5G基站的大部分要求，但无法满足新形势下新的需求，智能储能系统应运而生。

智能储能系统融合了通信技术、电力电子技术、传感技术、高密技术、高效散热技术、AI技术、云技术以及锂电池技术。华为基于对5G的理解，推出了5G Power智能储能系统，如图4–3–3所示。

图 4–3–3　华为 5G Power 智能储能系统

该系统具有基础锂电功能、智能升压、智能混搭、智能防盗、全网精细管理等优点，可以实现储能系统的管理、控制等，能够根据大数据进行预测，实现前瞻性运维和资源互补，既能降低运维和建设成本，又可以减少资源浪费。

2. 基站功耗分析

表 4–3–2　基站功耗

设备分类	业务负荷	中兴		华为	
		AAU 平均功耗 /W	BBU 平均功耗 /W	AAU 平均功耗 /W	BBU 平均功耗 /W
5G	100%	1127.3	293.1	1175.4	325.8
	50%	892.3	293.1	956.8	325.8
	30%	762.4	292.5	856.9	319
5G	空载	633	293.6	663	330
4G	100%	289.7	175.7		
	50%	273.6	174.3		
	30%	259.1	171.9		
	空载	222.6	169.4		
业务负荷		中兴 4G	中兴 5G	华为 5G	中兴 4/5G 能耗比

（续表）

设备分类	业务负荷	中兴		华为	
		AAU 平均功耗 /W	BBU 平均功耗 /W	AAU 平均功耗 /W	BBU 平均功耗 /W
100%		1044.7	3674.9	3852.5	5G 约为 4G 的 3.5 倍
50%		995.1	2696.9	3196.2	5G 约为 4G 的 3 倍
30%		949.2	2579.8	2889.7	5G 约为 4G 的 2.7 倍

注：数据来源：某运营商在广州、深圳对不同厂家 5G 基站的实测结果。

基站功耗如表 4–3–2 所示，根据中国通信学会举办的“2019 天线射频系统与 5G 通信专题研讨会”公布的统计数据，2018 年全年，三家运营商的移动基站共耗电约 270 亿千瓦·时，总电费约 240 亿元。在同样覆盖情况下，5G 基站相比 4G 基站在功耗增加的同时，基站覆盖密度也要增加，据此推算未来 5G 网络的能耗将达到 2430 亿千瓦·时，电费达到 2160 亿元。因此解决 5G 基站的耗能问题势在必行。

3. 基站类型

5G 基站按照功能可划分为四大类：宏基站、微基站、皮基站和飞基站，如表 4–3–3 所示。从负载功耗上分析，功耗最大的是宏基站和微基站。有光伏能源需求的是宏基站和微基站；皮基站和飞基站能耗小、室内安装、取电方便，无光伏安装需求。

表 4–3–3　基站类型

类型	负载功率（kW）	覆盖半径（m）	应用场景
宏基站	5~15	1500~3000	城市，空间足够大的热点人流地
微基站	0.6~1	50~200	受限于占地无法部署宏基站的市区或者农村
皮基站	0.02~0.05	20~50	市内公共场所如机场、火车站、购物中心等
飞基站	0.005~0.02	10~20	家庭和企业环境中

宏基站一般在地面安装，有单独的机房和塔架，其设备、电源柜、传输柜和空调等在机房中分开安装，体积较大。宏基站分为常规单管塔、景观式单管塔和角钢铁塔，式样如图 4–3–4 所示。

图 4–3–4　宏基站样式

微基站一般安装在办公楼或企业屋顶，

固定在女儿墙上或屋顶上，体积较小。微基站无机房，其配电设备在屋顶就近安装，简单便捷。微基站样式如图 4-3-5 所示。

图 4-3-5　微基站样式

4. 5G 网络和储能技术演进方向

1）新频段新技术

目前 2G / 3G / 4G 网络理论极限传输带宽约 150 Mbps（不含载波聚合），无法满足 5G 业务的大带宽需求。为了实现更大带宽，5G 网络将会采用更高频率。

越来越多的国家已经有清晰的 5G 频谱规划和 5G 网络部署计划。随着 5G 的部署，站点频谱数将会增加，考虑到提供服务的连续性，在相当长的一段时间内，现网的 2G / 3G / 4G 将会和 5G RAT 共存。目前 70% 的运营商站点频谱数 ≥ 5 频，未来毫米波部署之后，站点频谱数普遍达到 7~10 频及以上。

大规模多入多出（massive MIMO）技术是 5G 提升吞吐量的核心技术之一，它利用了多路径传播所带来的分集性，允许基站与多位用户之间使用同一时间和频率资源进行数据传输，支持在高流量城市区域实现更高的蜂窝容量和效率，集合了系统大容量和单用户高速体验的双重特性，可以提供 xGbps 量级超高小区吞吐量及超大用户容量的震撼体验。

（1）站点新增

为提升 5G 用户体验速率和实现热点地区及高容量业务场景的连续覆盖，运营商需要新增更多站点。

（2）移动边缘计算（mobile edge computing，MEC）下沉

车联网、无人驾驶、智能制造等物联网业务，需要高即时性的网络。从网络结构上看，服务器将会从数据中心，下沉到接入网机房及站点，以降低通信过程中的时延影响。MEC 下沉如图 4-3-6 所示。

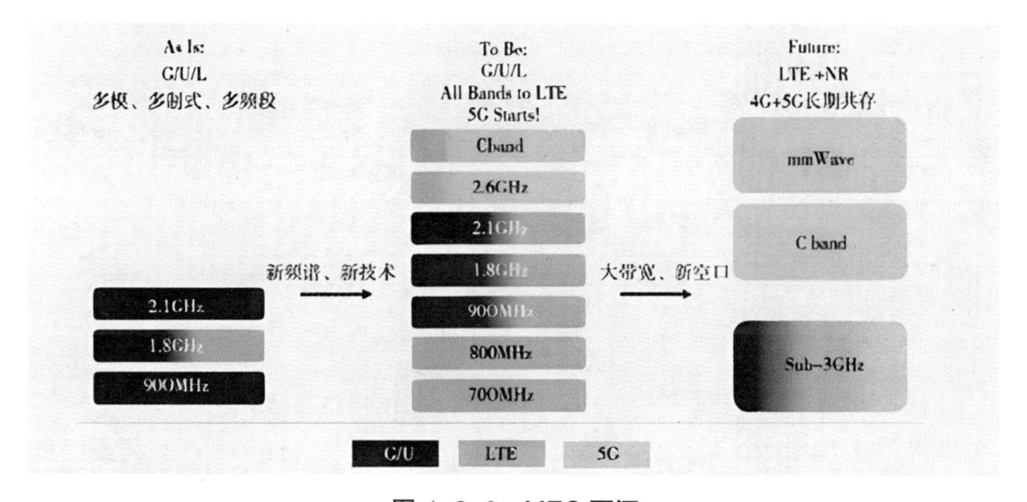

图 4-3-6　MEC 下沉

同时面对海量数据的处理需求，通信机房会向信息和通信技术融合进一步发展，随着越来越多的IT设备和配套的能源设备进入机房，机房的安装空间、承重等问题将日显突出。机房的功耗也将进一步增大，能效持续提升也越来越重要。

5. 5G网络对通信能源的影响

（1）5G新增功耗对站点整个供电系统提出挑战

根据现网数据和通信设备商反馈，5G设备（64T64R，3.5 GHz massive MIMO，含BBU及3个AAU/RRU）功耗为同配置4G的3 ~ 4倍。功耗增加的主要原因是5G有高带宽、高流量和高发射功率等特点，同时收发通道数明显增加。

5G的功耗增加将会对站点整个供电系统提出挑战，包括市电容量、整流器容量、备电能力、温控能力等。根据现网站点调研，约15%的站点市电容量不足，约30%的站点电源容量不足，约80%的站点备电无法满足叠加5G后的备电时长要求，约90%的站点无法满足高功率AAU在拉远时因线损压降导致的供电需求。

（2）站点数量增加导致加站难与维护费用高

运营商在站址获取上长期以来都存在一定的困难，尤其是当站点设备对占地、安装环境有一定要求时更加难以获得审批许可。其次是建站成本高，包括审批成本、工程成本及市盈率成本等。4G时代全球约80%的站点运维依靠人工上站巡检、定位问题和处理故障，平均运维效率约为10 ~ 40站 / 人，站点维护花费约占总收入的2% ~ 5%。在5G时代，站点数量预计将是4G时代的2 ~ 3倍，能否有效节省站点维护成本关系着电信运营商的健康经营。

（3）MEC下沉及其他设备接入需要更灵活的供电系统

随着MEC下沉到站点及通信机房，将要求站点及通信机房不仅满足传统通信设备直流供备电，同时也要满足IT设备交流供备电。除此之外，部分关键站点也会部署视频监控等设施，摄像机需要12 V AC、24 V DC等制式供电。

（三）5G基站光储供电系统

1. 光储供电系统架构

（1）光储供电系统主要由光伏发电系统、储能系统、控制系统以及市电、基站用电设备组成，作为基站的补充电源以及突发情况下的应急电源。

（2）光伏组件与电池储能系统接入光储一体机，光储一体机通过内部DC / AC逆变模

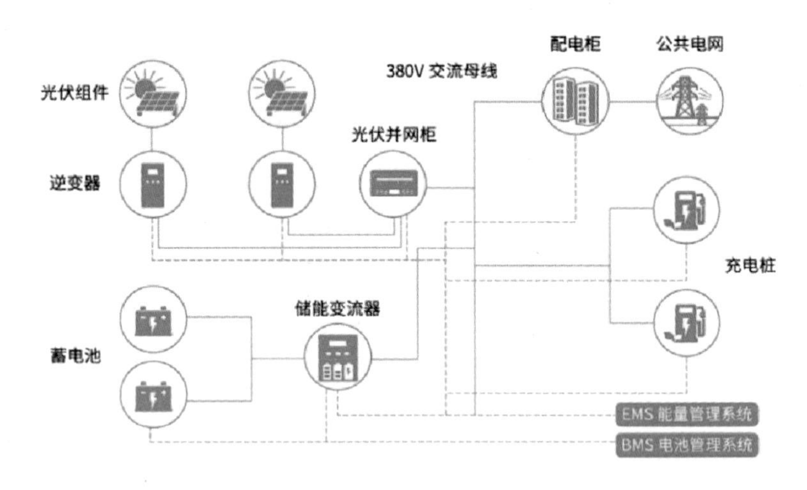

图4-3-7　光储供电系统框图

块接入基站交流母线为交流负荷供电，通过内部 DC / DC 模块在为电池组充电的同时给基站直流负载提供稳定的电力供应，如图 4–3–7 所示。

2. 基站负荷

宏基站用电负荷主要为运营商信号发射器和空调用电，其中信号发射器最大功率为 5.8 kW，空调功率为 1.5 kW，5G 基站如图 4–3–8 所示。

图 4–3–8 5G 基站

3. 光储供电系统配置

光储供电系统主要包括光伏一体机、光伏组件、锂电池组 & 基站存量铅酸电池组及智能控制系统。系统拓扑如图 4–3–9 所示，虚线框内为新增加的光储供电系统。

光储供电系统配置 5 kW 光储一体机和 5.12 ~ 10.24 kW · h 磷酸铁锂电池组，如图 4–3–10 所示。在突发断电情况下，储能系统能够保障 5G 信号发射设备安全运行约 4 h。在日常运行模式下，储能系统可根据天气情况和电网情况智能调节设置为峰谷电差运营模式获利，以节省电费支出。

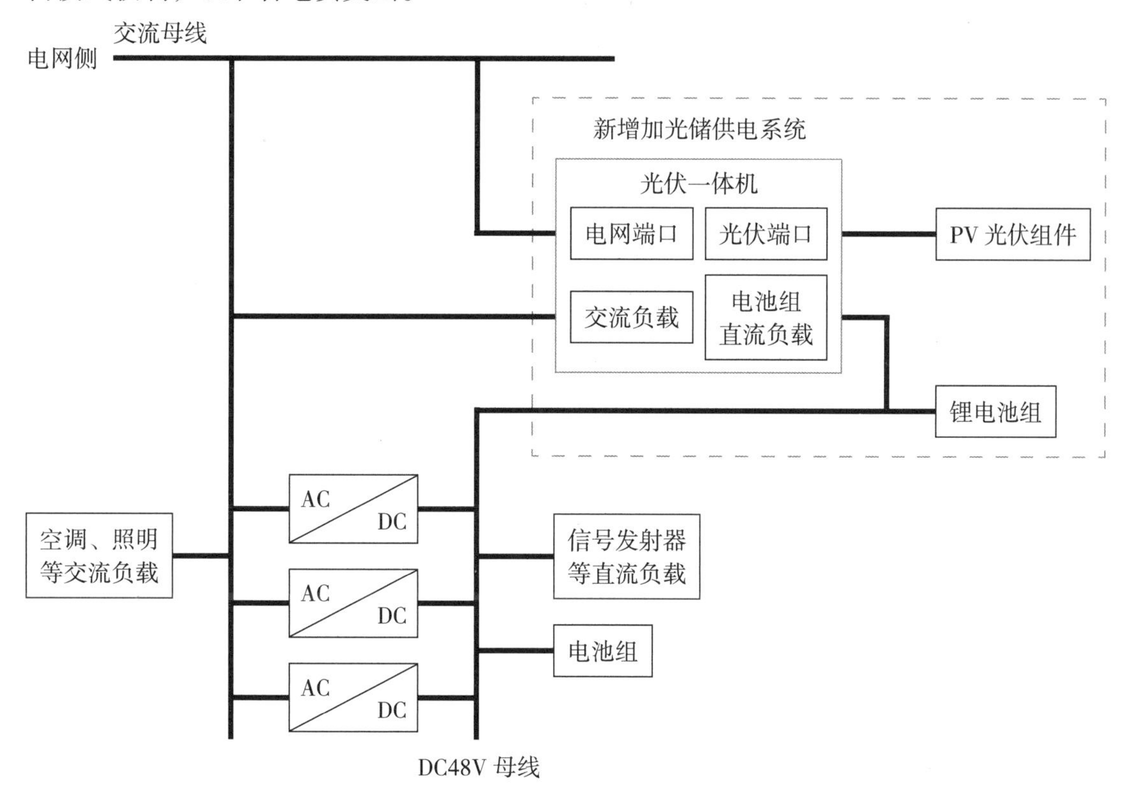

图 4–3–9 光储供电系统拓扑

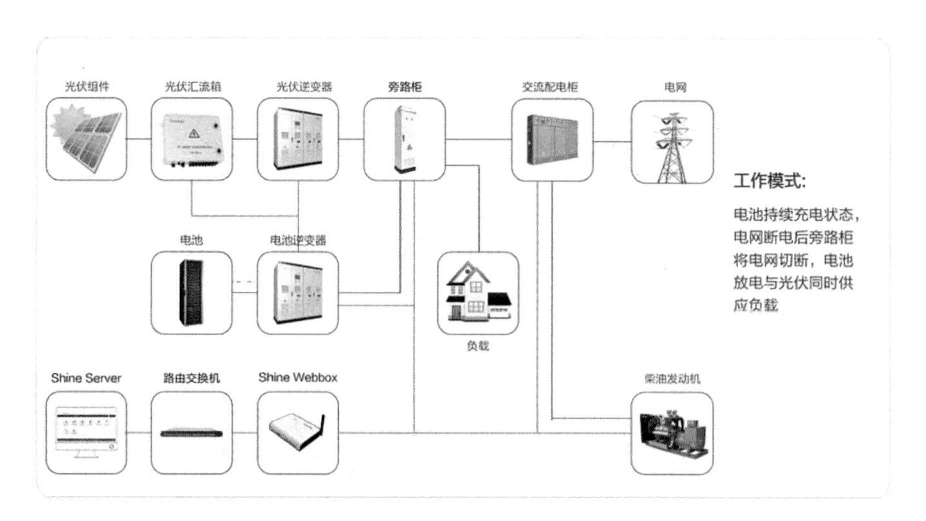

图 4-3-10　光储供电系统配置

4. 光储一体机

（1）光储一体机组成

光储一体机由功率单元（电池充放电电路、光伏升降压电路、逆变电路、辅助电源、滤波器电路）、控制单元、监控单元、通信单元等组成。

产品主要包括光伏阵列、电池、光伏储能变换器、本地负载、电网等组成，通过能量管理实现光伏阵列发电并网、光伏阵列发电为本地负载供电、光伏阵列为电池充电、光伏阵列 + 电池为本地负载供电、电网为电池充电五个核心功能，多维度、最大限度保证光伏发电高效性、本地负载供电可靠性、电池长寿命等关键指标。典型光伏储能示意图如图 4-3-11 所示。

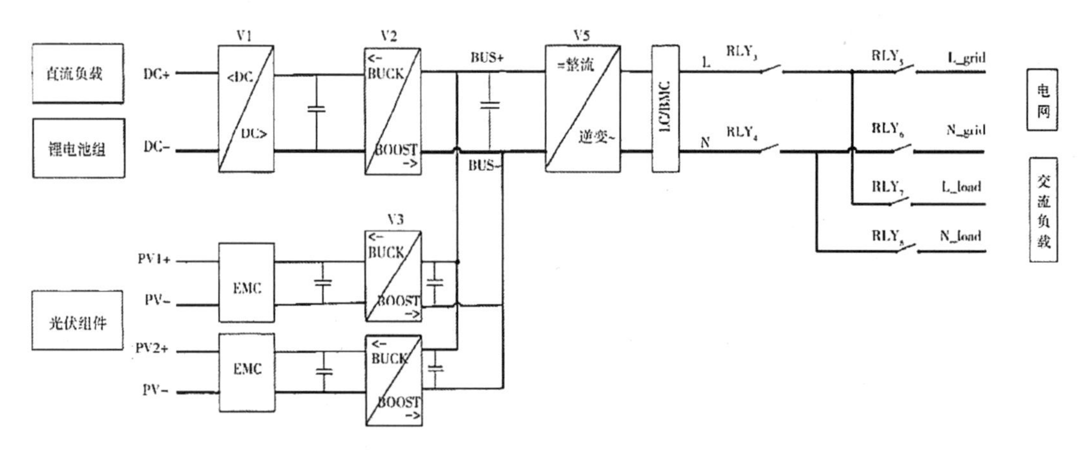

图 4-3-11　典型光伏储能示意图

（2）光储一体机功能描述

光储一体机为系统的核心设备，光伏组件接入到光储一体机 PV 端口，直流负载可通过原有 48 V 直流母线和锂电池组共同接入光储一体机直流端口，光储一体机经逆变器转换为 220 V 交流电后为基站交流负载供电。根据光伏安装容量及负荷用电需求，配置 5 kW 的光储一体机，光储一体机如图 4-3-12 所示。光储供电系统如图 4-3-13 所示。

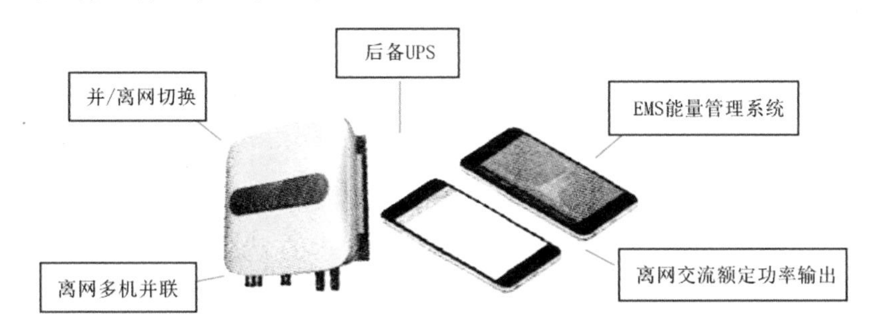

图 4-3-12 光储一体机

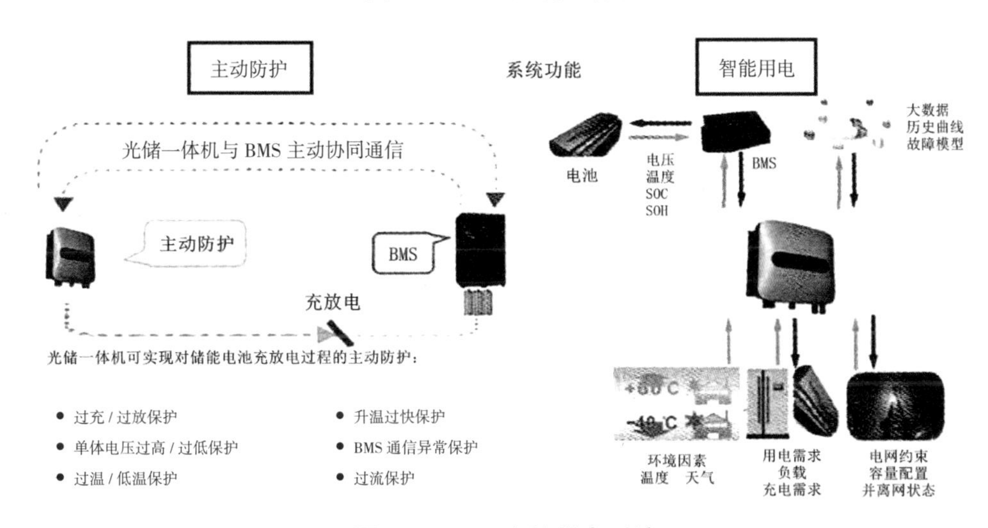

图 4-3-13 光储供电系统

5. 智能监控系统

结合通信基站数量大、分布广、类别多、环境复杂等特点，通过就地监控、远程云监控相结合的方式实现对通信基站的电源系统监控。

（1）就地监控：由光储一体机实现电源系统的自动控制、信息采集显示、事件记录、数据存储、电能计量、远程维护、通信、自诊断等功能。

（2）远程云监控：配置无线通信模块，通过通用分组无线业务将就地监控数据远传至云监控平台，通过云监控平台实现对通信基站多站点集中管理，客户可通过移动端 App 访问云平台获取通信基站实时数据。光储系统同时可通过网络获取天气实时数据，能够实现工作模式的精准控制。

6. 系统工作模式

光储供电系统主要工作模式：峰谷模式、微电网模式。

（1）峰谷工作模式（默认）

光储供电系统可根据天气情况和电网情况智能调节设置为峰谷电差运营模式获利，以节省电费支出。

根据电价的不同，以江苏省为例，一天可以分为峰、谷两个时间段，分别如下。

高峰时段：8 ∶ 00 ~ 21 ∶ 00，电价为 0.5583 元 /（千瓦·时）；

低谷时段：0 ∶ 00 ~ 8 ∶ 00，21 ∶ 00 ~ 24 ∶ 00，电价为 0.3583 元 /（千瓦·时）。

光储系统可通过网络获取天气实时数据，能够实现工作模式的精准控制。

①天气晴朗时，光伏系统可直接给负载供电，多余部分可给储能电池组充电或并网发电，不足部分可由市电补充，典型应用如图 4–3–14 所示。

②在夜晚，电价处于谷值时段，由于电价较低，全部由市电给基站供电，储能系统转为充电模式，以低电价吸收电能，典型应用如图 4–3–15 所示。

③储能系统根据天气情况智能判断工作模式。储能系统通过网络实时获取第二天白天天气数据，如第二天为晴天时，智能选择在白天峰值时间段释放电能，不足部分由光伏补充，如图 4–3–16 所示。如第二天为阴天时储能系统会智能保留电池组电能备电，电网为负载供电，如图 4–3–17 所示。

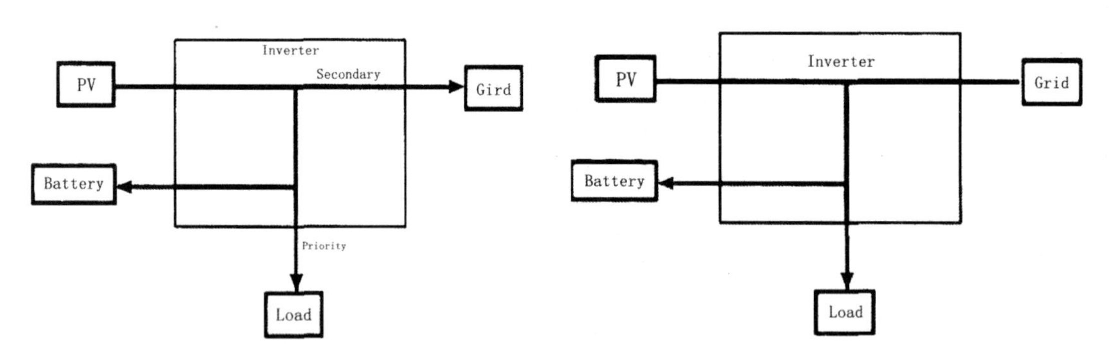

图 4–3–14　天气晴朗时光伏系统的典型应用　　图 4–3–15　夜晚时光伏系统的典型应用

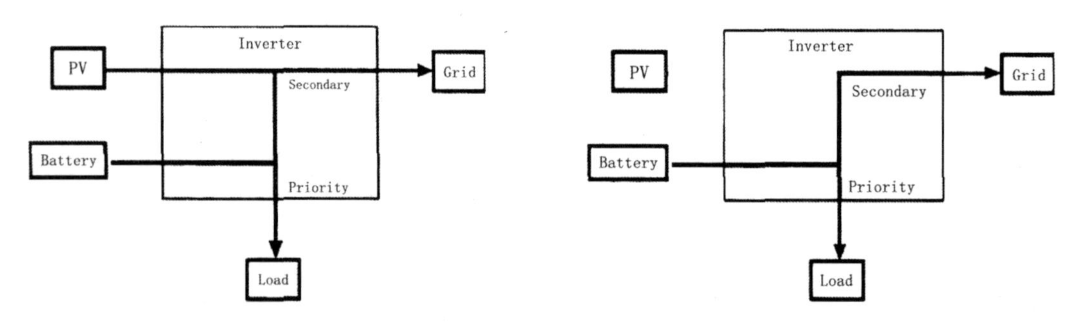

图 4–3–16　储能系统在晴天时智能电能，不足部分由光伏补

图 4–3–17　储能系统在阴天时智能备电，电网为负载供电

④市电检修等断电情况下，光储系统可直接为基站重要负荷供电，保证信号塔正常运行，如图 4–3–18 所示。

（2）微网工作模式

微网模式适合无电网场景。具体工作方式如下。

①PV和电池组成一个纯离网系统。

②如果PV充足，PV优先为负载供电，多余能量为电池充电，典型应用如图4-3-19所示。

③如果PV不足，由电池为负载供电，典型应用如图4-3-20所示。

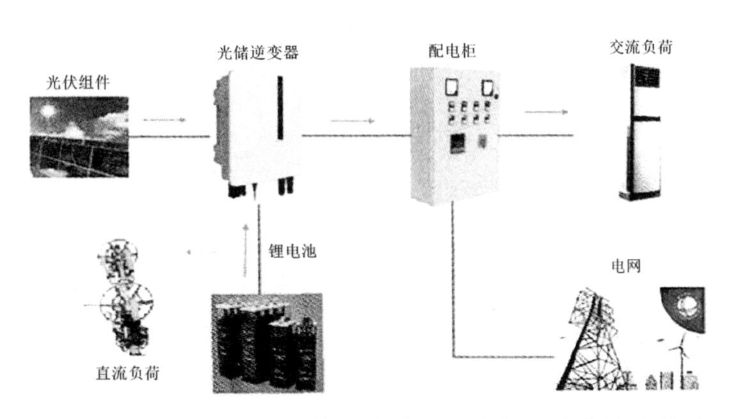

图4-3-18　在市电检修等断电情况下光储系统直接为基站重要负荷供电

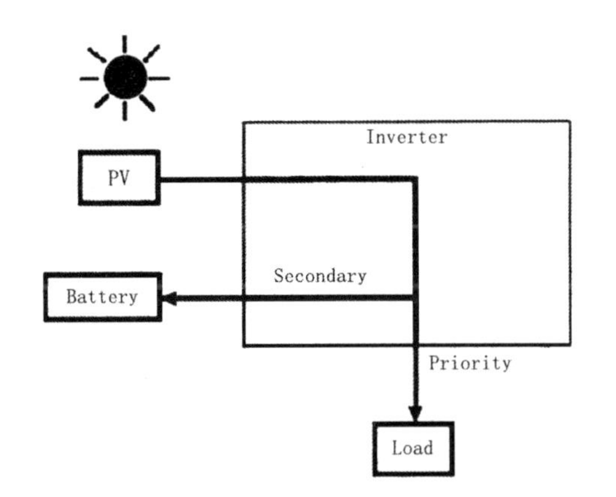

图4-3-19　PV充足其优先为负载供电

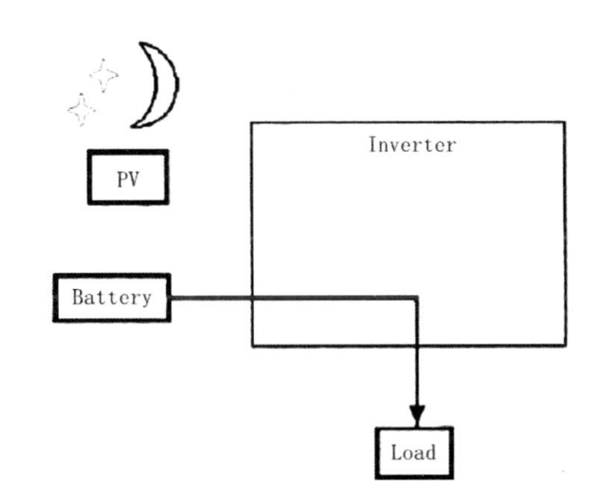

图4-3-20　PV不足由电池为负载供电

（四）面向5G的思考与创新

如按照传统的基站建设模式，毫无疑问，5G建设过程中的配套改造面临着改造大、成本高、改造周期长的困难。放眼未来，电源配套必须进行技术革新和理念革新，准确把握通信网络发展特点，才能更好地应对5G建设，适应未来发展。

1. 如何降低外市电需求

外市电增容改造是整个通信基站建设过程中，协调任务最重、耗时最长的一项工作。如果能降低5G设备对外市电的需求，减少外市电的改造数量，将大大缓解基站建设的压力。可以采取通过市电削峰技术降低基站外市电容量需求。

传统基站市电容量取通信设备、蓄电池充电、空调三者最大负荷值之和。其中，通信设备负荷随通信业务量呈现周期性波动特性；蓄电池充电负荷呈现随机特性，只有当基站停电后恢复供电时，才产生充电负荷；空调负荷与气温相关，夏季频繁启停。

基于三类负荷的波动规律，探索通过错峰充电、限流充电、储能电池削峰等方式，实现市电削峰，压缩5G基站外市电容量需求，如表4-3-4所示及图4-3-21所示，实现市电削峰的方案主要有如下四种。

方案一：通过对开关电源进行软件升级，在负荷高峰时，主动降低电池充电电流，优先通信设备供电，实现电池错峰充电。

方案二：通过对开关电源进行软件升级和调整蓄电池充电限流值（蓄电池充电时长由 10 h 延长至 20 h），在负荷高峰时，主动降低电池充电电流，优先通信设备供电，实现电池错峰充电。

方案三：电池在通信设备或空调工作负荷较小时充电。同时利用储能电池在负载高峰时放电，负载低谷时充电，平抑通信设备负载波动。

方案四：基站增加储能电池，负荷高峰时，储能电池放电；负荷低谷时，储能电池充电。市电削峰技术通过简单的设备升级改造，大大削减基站外市电引入容量需求，在扩容改造、新建基站上都可应用，尤其部分市电引入费高、引电周期长且市电缺口较小的扩容改造站点，可实现部分站点市电免改造，降低外市电改造成本压力，缩短建设周期，实现最优的供电解决方案。

表 4-3-4　市电削峰方案汇总表

序号	方案内容	削峰能力
方案一	备电电池错峰充电	通信设备峰均差值，最大能力约为整站市电需求 16%
方案二	备电电池错峰 + 限流充电	通信设备峰均差值 +50% 备电电池充电功率，最大能力约为整站市电需求 29%
方案三	备电电池充电与空调开启错峰 + 储能电池削峰	通信设备峰均差值 +100% 电池充电功率，最大能力约为整站市电需求 29%
方案四	储能电池削峰	通信设备峰均差值，最大能力约为整站市电需求 16%

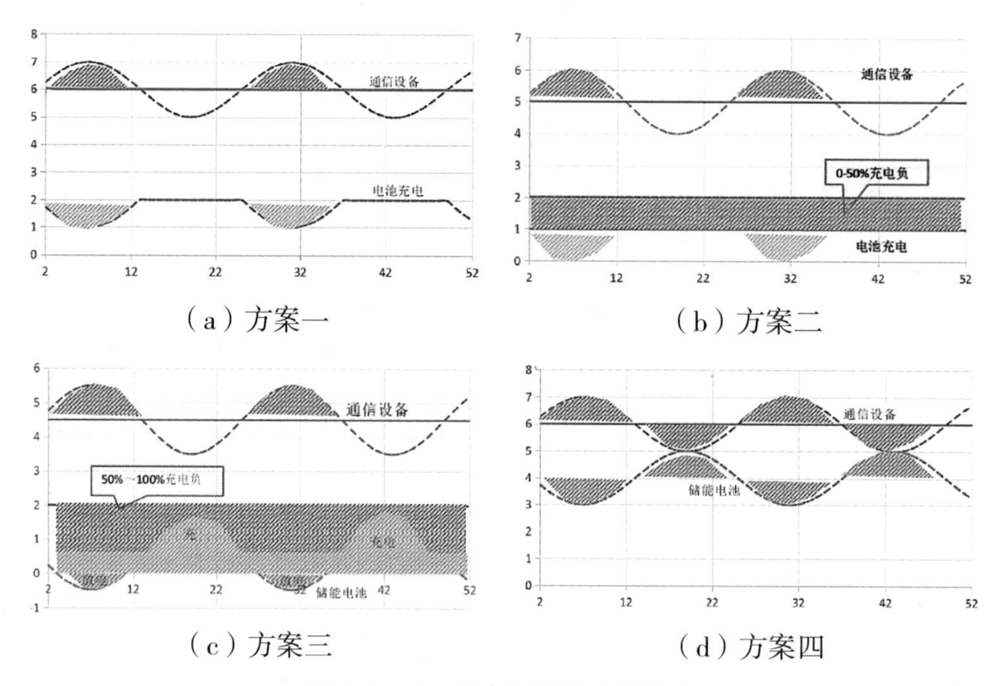

图 4-3-21　市电削峰技术原理图

2. 蓄电池合路器储能系统

综合考虑基站实际应用，蓄电池合路器储能系统应具备以下功能。

（1）铅酸蓄电池混用、新旧蓄电池混用，模块化扩容。

（2）防止蓄电池之间的环流出现。

（3）实现蓄电池组之间的均衡放电，防止雪崩效应，如图 4–3–22 所示。

（4）实现铁锂电池优先放电等功能，在基站开展市电削峰和削峰填谷等业务，如图 4–3–23 所示。

采用蓄电池合路器后，基站蓄电池充放电可以实现有序控制，对蓄电池的配置、使用产生了极大的便利，在铁锂电池与铅酸电池并用的阶段，蓄电池合路器是基站扩容必不可少的设备，远期铅酸电池退网后，可以考虑将相关功能集成到铁锂电池的 BMS 中。

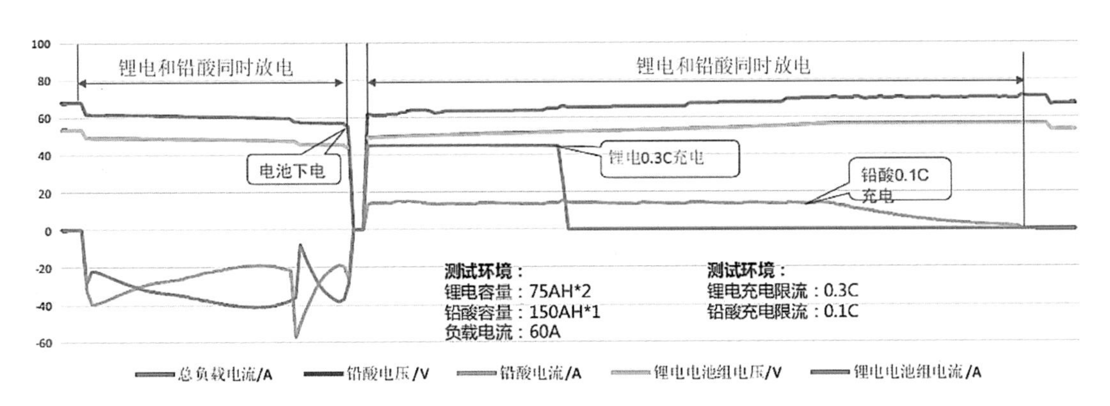

图 4–3–22　锂电和铅酸同充同放测试图

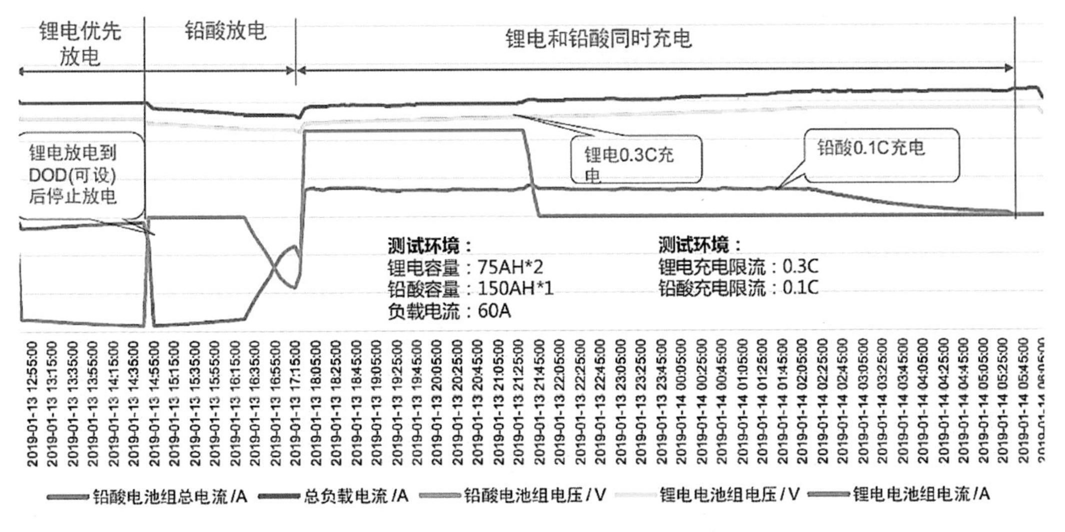

图 4–3–23　锂电优先放电模式测试图

3. 如何让开关电源系统变灵活

传统开关电源设备主要面向固定数量用户使用，直流配电单元可调整范围很小，且无法实现多家共享同一基站的电量计量功能，需要进行一定的改造才能支持5G基站扩容。

基于5G网络的需求和日益发展的新能源技术，新一代电源系统应具备以下几个特点。

（1）输出侧应实现直流配电的模块化，支持多用户按需扩展，分用户电量计量。

（2）输入侧应支持光伏能源接入，实现光伏与整流模块的插槽位置共用和自由搭配。

（3）监控侧能实现对光伏能源的计量、管理，实现多用户智能化扩容。

（4）产品形态应实现归一化，采用标准机架，增强产品通用性。

【拓展内容】

1. 政策支持与产业发展

（1）政策推动

工业和信息化部等政府部门积极推动5G技术的发展与应用，包括5G轻量化（RedCap）技术的商用进程。例如，工业和信息化部印发了《关于开展2024年度5G轻量化(RedCap)贯通行动的通知》，旨在打通5G RedCap标准、网络、芯片、模组、终端、应用等关键环节，提升我国在全球5G技术领域的竞争力。

广东省通信管理局发布《关于推进广东省信息通信行业新型储能高质量发展的通知》，《通知》指出要充分利用数据中心、5G基站等新型信息基础设施的独特优势建设新型储能电站，培育一批用户侧储能示范项目。《通知》提出了推动数据中心加快开展储能系统建设，打造5G基站创新配置共享式储能模式，支持5G基站共享式储能产品创新等重点工作。

（2）储能技术结合

随着5G基站数量的增加和能耗的提升，储能技术在5G基站中的应用日益受到重视。储能系统可以为5G基站提供稳定的电力供应，解决供电问题导致的基站建设难题，助力5G技术的广泛推广和6G技术的研发。

2. 储能技术在5G基站中的应用案例

（1）智能错峰储能

5G基站配储利用智能错峰技术，在闲时充电、忙时放电，有效解决了供电不稳定的问题。这种储能方案不仅提高了5G基站的供电可靠性，还降低了运营成本，推动了5G基站的快速部署。

（2）具体项目

虽然目前直接关于储能技术在特定5G基站项目中应用的最新详细案例可能较少，但根据行业趋势和技术发展，未来将有更多5G基站项目采用储能技术来优化电力供应和降低成本。

3. 储能技术的优势与前景

（1）优势

储能技术具有调节能力强、响应速度快、运行成本低等优势，非常适合应用于对电力供应稳定性要求高的 5G 基站。通过储能系统的应用，可以实现对电能的灵活调度和高效利用，提高电力系统的整体效率和稳定性。

（2）前景

随着 5G 技术的不断发展和普及，储能技术在 5G 基站中的应用前景广阔。未来，随着储能技术的不断成熟和成本的进一步降低，储能系统将成为 5G 基站建设的重要组成部分，为 5G 技术的广泛应用提供有力支持。

参考文献

[1] 王震坡 . 电动车辆动力电池系统及应用技术 [M]. 北京：机械工业出版社，2017.

[2] 许云 . 新能源汽车动力电池及充电系统检修 [M]. 北京：机械工业出版社，2023.

[3] 吕丕华 . 纯电动汽车动力电池系统故障诊断与维修 [M]. 北京：中国劳动社会保障出版社，2018.